水土保持治理措施

普 查 方 法

主　编　郭索彦

副主编　鲁胜力　李智广

内 容 提 要

本书在全面总结第一次全国水利普查水土保持措施普查工作的基础上，简要介绍了水土保持治理措施普查的目的与意义，普查机构组建，基础资料收集，重点阐述了普查的目标与任务、范围与内容、普查表设计、技术路线、数据采集与质量控制、水土保持措施含义及普查成果材料与要求。

本书文字朴实，图表丰富，资料翔实，可供各级水土保持工作人员使用，也可作为大中专学生和水土保持研究人员的参考用书。

图书在版编目（CIP）数据

水土保持治理措施普查方法 / 郭索彦主编. -- 北京：中国水利水电出版社，2014.1
ISBN 978-7-5170-1654-0

Ⅰ. ①水… Ⅱ. ①郭… Ⅲ. ①水土保持－综合治理－普查 Ⅳ. ①S157.2

中国版本图书馆CIP数据核字(2014)第008691号

审图号：GS（2013）1962 号

书　名	水土保持治理措施普查方法
作　者	主编　郭索彦　副主编　鲁胜力　李智广
出版发行	中国水利水电出版社 （北京市海淀区玉渊潭南路 1 号 D 座　100038） 网址：www.waterpub.com.cn E-mail：sales@waterpub.com.cn 电话：（010）68367658（发行部）
经　售	北京科水图书销售中心（零售） 电话：（010）88383994、63202643、68545874 全国各地新华书店和相关出版物销售网点
排　版	中国水利水电出版社微机排版中心
印　刷	北京瑞斯通印务发展有限公司
规　格	140mm×203mm　32 开本　3.375 印张　91 千字
版　次	2014 年 1 月第 1 版　2014 年 1 月第 1 次印刷
印　数	0001—3000 册
定　价	**20.00** 元

前　言

根据国务院决定，2010—2012年开展了第一次全国水利普查。水土保持情况普查是第一次全国水利普查的内容之一，包括土壤侵蚀、侵蚀沟道以及水土保持措施等。在国务院第一次全国水利普查领导小组办公室的统一领导下，经过全国各级水行政主管部门和相关业务部门的共同努力，普查工作顺利、全面完成，经国务院批准，由水利部和国家统计局联合发布《第一次全国水利普查公报》。

为总结经验和便于今后开展水土保持措施普查工作，水利部水土保持监测中心（国务院第一次全国水利普查领导小组办公室水土保持专项普查工作组挂靠单位）针对水土保持治理措施普查组织实施过程及其相关技术、方法，编制了《水土保持治理措施普查方法》，供广大水土保持工作者参考和使用。

本书包括5章内容。第1章概述了水土保持措施普查的目的与意义；第2章阐述了普查机构组建，基础资料收集，水土保持措施普查的目标与任务、范围与内容，普查表设计，技术路线制定和进度安排，技术培训等普查的前期准备工作；第3章阐述了水土保持措施数据采集、质量控制与质量保证的体系与方法；第4章重点介绍了水土保持措施普查指标即水土保持措施的含义，并以图文并茂的形式、结合普查过程中容易出现的疑问和错误进行了详细解释说明；第5章阐明了各级机构的普查成果材料与要求，以及第一次全国水利普查水土保持措施普查成果。

本书由水利部水土保持监测中心组织编写，编写人员分工如下：第1章由郭索彦、鲁胜力编写，第2章由郭索彦、鲁胜力、李智广、王爱娟编写，第3章由鲁胜力、郭索彦、李智广、乔殿新、刘宪春编写，第4章由李智广、曹全意、刘宪春、王莹编写，第5章由李智广、刘宪春、曹全意、王爱娟编写。最后由鲁胜力、李智广统稿，郭索彦审定。

本书在编写过程中，引用了水土保持情况普查的实施方案和相关技术资料，吸收了普查技术培训和问答材料的内容，引用了各地各部门普查工作中的典型图片或照片，在此表示衷心感谢。

由于作者受实践范围、知识水平、思考深度及写作思路所限，书中疏漏、缺陷和不足之处在所难免，恳请读者批评指正。

作者

2013年

目　录

第1章　普查目的与意义

水土保持措施普查的目的在于摸清现存的、正常发挥作用的水土保持措施的类别、数量和地域分布，了解水土流失综合治理的状况，服务政府决策和经济社会发展，促进我国水土资源的可持续开发、利用、保护以及生态环境的良性发展。

我国水土流失类型多、面积广、强度大，危害严重。其中，水力侵蚀从东北向西南延伸，分布在年降水量大约为500mm以上区域，广泛分布于山地、丘陵和高原地区，冲刷土壤，毁坏耕地，泥沙淤积，洪涝危害时有发生；在干旱和半干旱的“三北”地区以及沿江（河）湖海的边缘地带，风力强劲，流沙活动频繁，产生各种沙埋、沙割、黑风暴等风沙危害；广阔的青藏高原、高纬度和高山地区，气候严寒，冰雪覆盖，冻土发育，形成特有的泥流、坍塌等多种冻融侵蚀。这些侵蚀危害不仅破坏水土资源，危及生态环境，而且制约了当地的经济社会发展，极大地影响着小康社会的实现。新中国成立以来，党和政府高度重视水土保持工作，不断完善水土保持法律、法规体系和监督执法体系；不断加大资金投入，实施大规模的国家重点治理工程；多渠道多形式增加投入，鼓励和支持社会各界通过多种方式参与水土保持和生态建设，有效地保护了水土资源，改善了生态环境，土地生产力得到大幅度提高，区域经济得到发展。

随着水土流失综合治理的发展，水土保持措施类型不断增多，质量等级愈来愈高，数量积累愈来愈大，分布愈来愈广泛。在一些地区，因退耕还林（还草）、居民搬迁、发展经济，较大地改变了土地利用状况；在个别地区，自然灾害造成了水土保持措施质量下降，甚至毁坏了措施；少数措施因质量标准低，或失效、或毁坏而失去了保护水土的作用……这些变化都会影响国家对水土流失防治基本情况的掌握，有必要完善和丰富国家水土保持信息资源，为国家水土保持综合治理和生态建设提供基本信息支持。因此，《中华人民共和国水土保持法》第十一条规定："国务院水行政主管部门应当定期组织全国水土流失调查并公布调查结果。"

水土流失及其治理情况普查不仅是水土保持工作的基础，而且还在政府决策、经济社会发展和社会公众服务中发挥着巨大作用。搞好水土保持情况普查，有利于谋划水土流失综合治理长远发展思路，科学制定水土保持规划，为国民经济和社会发展规划提供支撑；有利于贯彻落实水土保持法，推进区域水土保持措施合理配置和高效利用；有利于提高全社会水土保持意识和水土资源保护意识，推进资源节约型、环境友好型社会建设。因此，《中华人民共和国水土保持法》第四条规定："县级以上人民政府应当加强对水土保持工作的统一领导，将水土保持工作纳入本级国民经济和社会发展规划，对水土保持规划确定的任务，安排专项资金，并组织实施。"第十条规定："水土保持规划应当在水土流失调查结果及水土流失重点预防区和重点治理区划定的基础上，遵循统筹协调、分类指导的原则编制。"第十二条规定："县级以上人民政府应当依据水土流失调查结果划定并公告水土流失重点预防区和重点治理区。"水土保持规划是国民经济和社会发展规划体系的重要组成部分，是依法加强水土保持管理的重要依据，是指导水土保持工作的纲领性文件。水土流失调查结果和重点预防区、重点治理区的划定是编制水土保持规划的基础，水土流失调查结果又是划定水土流失重点预防区和重点治理区的基础。因此，作为指导水土保持工作的纲领性文件，水土保持规划只有在水土流失调查结果和重点防治区划定的基础上——归根到底是在水土流失调查结果的基础上——进行编制，才更具有科学性、针对性、指导性和可操作性。

水土流失及其治理情况普查是国家保护水土资源、促进可持续发展的重要手段，是国家生态保护与建设的重要基础。《中华人民共和国水土保持法》第四十二条规定：“国务院水行政主管部门和省、自治区、直辖市人民政府水行政主管部门应当根据水土保持监测情况，定期对下列事项进行公告：（一）水土流失类型、面积、强度、分布状况和变化趋势；（二）水土流失造成的危害；（三）水土流失预防和治理情况。”通过科学、系统和定量定位的普查，可以准确掌握水土流失预防和治理情况，分析和评价水土保持效果，为水土流失防治总体部署、规划布局、防治措施科学配置等提供科学依据；可以及时、准确掌握生态环境现状、变化和动态趋势，分析和评价重大生态工程成效，为国家制定生态建设宏观战略、调整总体部署、实施重大工程提供重要依据；可以积累长期的监测数据和成果，为水土保持科学研究、标准规范制定等提供可靠数据资料；可以不断掌握水土资源状况、消长变化，为国家制定经济社会发展规划、调整经济发展格局与产业布局、保障经济社会的可持续发展提供重要技术支撑。

新中国成立以来，先后开展了四次大规模的水土流失普查工作，都对国家的宏观决策发挥了非常重要的作用。第一次是20世纪50年代，采用人工调查的办法，完成了第一次全国水力侵蚀普查，初步摸清了水力侵蚀的面积与分布。这次普查对我国生态建设发挥了非常重要的作用，为后来确定黄土高原等地区的治理重点提供了基本依据，有力地指导了新中国成立初期我国的水土保持工作。第二次是20世纪80年代中期，利用遥感技术，结合地面监测，开展了全国土壤侵蚀遥感调查，查清了土壤侵蚀主要类型及分布，对全国乃至不同地区水土流失状况有了更为全面、准确地把握，并发布了全国第一次水土流失公告，全国土壤侵蚀面积367万km^2，其中水力侵蚀面积179万km^2，风力侵蚀面积188万km^2。第三次是1999年，水利部利用遥感技术组织开展了全国土壤侵蚀调查，发布了全国第二次水土流失公告，全国土壤侵蚀面积356万km^2，其中水蚀面积165万km^2，风蚀面积191万km^2，特别划分出水风蚀交错区26万km^2，从宏观上掌握了水土流失的动态情况。第四次是2010—2012年，与国务院第一次全国水利普查同步开展，综合利用遥感、地理信息系统和地面调查等技术，采用定量模型计算分析了土壤侵蚀的强度、面积和分布，查清了西北黄土高原区和东北黑土区的侵蚀沟道，掌握了水土保持措施的类型、分布和面积；土壤侵蚀面积295万km^2，其中水蚀面积129万km^2，风蚀面积166万km^2；西北黄土高原区侵蚀沟道66.67万条，东北黑土区侵蚀沟道29.56万条；水土保持措施面积99万km^2，治沟骨干工程5655座。这几次普查成果为国家制定全国水土保持规划、《全国生态建设规划》和《全国生态保护规划》，明确长江上中游、黄河中上游、东北黑土区和西南岩溶地区为重点治理区，加大水土流失综合治理力度，决策实施一系列重大生态建设工程提供了可靠的、具有权威性的依据。这充分说明了水土保持措施普查工作在国家战略决策中的作用和重要性。

为贯彻落实科学发展观，全面了解水土保持发展状况，提高水利部门服务经济社会发展能力，实现水土资源可持续开发、利用和保护，开展水土流失及其防治情况的调查，就可因地制宜、因害设防、有针对性地开展水土保持工作，同时还是统筹协调、分类指导、提高效益地开展水土保持工作的基础，意义十分重大。

第2章 普查准备

水土保持措施普查的前期准备工作主要包括普查机构组建、技术人员组织、基础资料搜集整理、实施方案制定、技术培训以及必需的经费落实、设施设备购置等。

本章主要基于第一次全国水利普查的前期准备工作，阐述全国水土保持措施普查准备工作的主要内容、实施方案与技术培训。

2.1 普查组织机构

水土保持措施普查工作按照统一领导、分工协作、分级负责、共同参与的原则，实行梯级管理，要求其必须具有统一、完备的组织体系，统一、完善的技术规定，保证各级普查机构和全体普查人员做到技术规范、进度一致，做好普查的组织实施。各级水土保持措施普查机构要采取强有力的措施，完成普查前期准备各项工作，做好机构组建、人员保障、经费落实和培训宣传等工作。

2.1.1 机构组建及职责

全国水土保持措施普查工作在国家级普查机构的统一领导和部署下，成立流域、省级和地（市）级、县级等各级普查机构，选聘普查指导员和普查员，落实普查办公室工作人员，组建普查技术队伍，搭建工作条件与环境，购置设备，完善各项工作制度。各级普查机构根据普查工作的统一要求和安排，编制普查经费预算并落实经费、明确职责、制订运作方案。

此外，水土保持措施普查工作必须依靠有关部门，如水利、农业和林业部门的综合协商，省级、地（市）级和县级普查机构需成立专家组或技术指导组对普查实施进行指导，并对普查结果进行审核，保证每个普查指标数值合理。

国家级水土保持措施普查机构主要职责为部署全国普查工作，编制普查实施方案、相关技术规定及规章制度，经费预算并落实中央承担的普查经费，收集普查基础资料，处理基础工作图件，负责普查的组织和实施、业务指导和督促检查，开发普查工作软件，培训技术力量，协调各部门开展工作并解决普查过程中出现的问题，检查验收、汇总普查成果，编制普查成果报告并建立水土保持措施普查数据库。

各流域普查机构负责本流域普查工作的组织实施，协调、指导流域内各省（自治区、直辖市）普查工作，协助上级普查机构完成质量检查、资料整理、汇总与分析等工作。

省级和地（市）级普查机构负责辖区普查的组织实施，协调、指导辖区内各级普查工作，包括：编制工作细则，落实工作人员和普查经费，培训市级和县级普查技术力量，做好普查物资准备并负责区内普查成果数据汇总、审核、分析、验收和上报工作。

县级普查机构是普查基层组织实施单位，具体实施普查工作，主要工作是制定本县普查方案，收集资料、分析填表，复核或野外调查检验以及汇总上报真实可靠的普查成果。

各级普查机构职责分工明确，保证了水土保持普查工作扎实、细致，普查成果真实、可靠。

2.1.2 资料搜集

各级水土保持措施普查机构应全面收集相关资料并进行整理，如登记资料的来源、类型、年限、范围及获得途径，以便正确使用，保证各类水土保持措施数据的采集、合理性分析、结果汇总与分析等顺利开展。

国家级普查机构组织相关技术支撑单位收集全国性的、与水土保持措施相关的资料以及汇总分析的基础资料。如全国水土保持规划，国家水土保持重点工程实施汇总材料，相关部门（包括水利、林业、农业等部门）的统计、调查、年鉴以及重点工程设计与验收资料，各级行政区划图、水土保持区划图、流域界限及水资源分区等基础底图。

省级和县级普查机构要全面收集水利及林业、农业等部门的年鉴，水利（尤其是水土保持）及林业、农业等部门的统计资料、相关的专题调查资料，水土保持工程及相关行业工程的设计、建设和验收资料。

2.1.3 普查宣传

各级普查机构需充分采用多种形式开展宣传工作，为普查工作的顺利实施创造良好的舆论氛围。通过制作普查宣传片，介绍水土保持措施普查的内容、方法与原则，在电视台、广播台连续播出，向社会发放普查宣传页，张贴宣传标语，使社会公众对普查工作有明确的认识和理解，赢得他们的关注、重视和配合。在普查培训会议上进行普查工作目的、意义等宣传，使得各级普查指导员和普查员以普查工作为荣，认识普查工作的重要性，鼓舞其士气，保障普查数据的质量。

2.2 实施方案编制

普查实施方案是开展普查工作的纲领性文件，也就是“总纲”。有了总纲，各项普查工作才能按部就班、有条不紊、优质高效地进行，这就是“纲举目张”。因此，它是十分重要的准备工作。

水土保持措施普查实施方案是整个水土保持措施普查工作的

行动指南，需要涵盖普查工作的方方面面，包括普查的目标与任务、范围与内容、技术路线、工作流程、普查数据整理与报送原则、成果审核与汇总分析以及普查组织实施等。

2.2.1 普查的目标与任务

普查目标即普查的目的意义。全国水土保持措施普查是为了全面查清全国水土保持措施现状，掌握各类水土保持措施的数量和分布，建立健全全国水土保持基础数据库，为水土保持科学研究、行政管理和综合治理服务。普查的任务是通过对全国水土保持措施保存状况的调查，掌握我国水土流失治理情况及其动态变化。

2.2.2 普查的范围与内容

普查范围应根据普查对象的分布确定，普查内容应依据普查任务制定，具体的普查指标应根据反映普查目的、完成普查任务以及可以收集得到的基础资料等确定。普查指标的设计和确定，在整个普查工作过程中有着举足轻重的地位。指标的多与少，关系到普查工作量的大与小，关系到能否达到普查的预期效果，需要根据普查的目的和任务科学合理地分析研究。普查指标的设计必须做到全面、精确且具有可操作性，并规范界定各个指标的名称、基本概念、计量单位、数值的上下限、分类分级（及分区分解）、填报要求以及相互之间的关系等，确保各级普查机构和普查技术人员对普查指标的正确理解。

水土保持措施的普查对象是指在水土流失区，为防治水土流失，保护、改良与合理利用水土资源，改善生态环境所采取的水土保持工程措施和植物措施，不包括耕作技术措施。水土保持工程措施主要包括水土保持基本农田（包括梯田、坝地和其他基本农田）、淤地坝、坡面水系工程和小型蓄水保土工程，水土保持植物措施主要包括水土保持林（包括乔木林和灌木林）、经济林和种草等。

在第一次全国水利普查中，水土保持措施普查的区域范围为中华人民共和国境内（未含香港特别行政区、澳门特别行政区和台湾省）。其中，水土保持治沟骨干工程的普查范围为黄河流域黄土高原，涉及青海、甘肃、宁夏、内蒙古、陕西、山西、河南7省（自治区）40个市（地、州）180个县（市、区、旗），见表2-1。

表2-1　水土保持治沟骨干工程普查范围

省（自治区）	市（地、州）		县（市、区、旗）	
	名称	个数	名称	个数
山西	太原市、大同市、晋中市、临汾市、吕梁市、朔州市、忻州市、运城市	8	古交市、娄烦县、新荣区、浑源县、介休市、和顺县、灵石县、平遥县、大宁县、汾西县、浮山县、古县、洪洞县、侯马市、吉县、蒲县、曲沃县、隰县、乡宁县、襄汾县、永和县、离石区、方山县、交口县、岚县、临县、柳林县、石楼县、孝义市、兴县、中阳县、平鲁区、右玉县、保德县、河曲县、静乐县、岢岚县、宁武县、偏关县、神池县、五寨县、盐湖区、河津市、稷山县、平陆县、芮城县、万荣县、夏县、垣曲县	49
河南	郑州市、三门峡市、省直辖县级行政区划、洛阳市、焦作市	5	巩义市、登封市、荥阳市、湖滨区、灵宝市、陕县、渑池县、济源市、洛宁县、孟津县、汝阳县、嵩县、新安县、偃师市、伊川县、宜阳县、孟州市、沁阳市	18
内蒙古	呼和浩特市、包头市、鄂尔多斯市、乌海市、乌兰察布市、巴彦淖尔市	6	托克托县、和林格尔县、清水河县、达尔罕茂明安联合旗、固阳县、石拐区、乌审旗、伊金霍洛旗、准格尔旗、达拉特旗、东胜区、鄂托克旗、杭锦旗、海南区、凉城县、卓资县、乌拉特前旗	17

续表

省（自治区）	市（地、州）		县（市、区、旗）	
	名称	个数	名称	个数
陕西	西安市、铜川市、宝鸡市、咸阳市、渭南市、延安市、榆林市	7	临潼区、蓝田县、印台区、宜君县、陈仓区、凤翔县、岐山县、扶风县、千阳县、麟游县、彬县、长武县、旬邑县、淳化县、临渭区、大荔县、合阳县、澄城县、蒲城县、白水县、富平县、韩城市、宝塔区、延长县、延川县、子长县、安塞县、志丹县、吴起县、甘泉县、富县、洛川县、宜川县、黄龙县、黄陵县、榆阳区、神木县、府谷县、横山县、靖边县、定边县、绥德县、米脂县、佳县、吴堡县、清涧县、子洲县	47
甘肃	兰州市、白银市、天水市、平凉市、庆阳市、定西市、临夏回族自治州	7	七里河区、皋兰县、榆中县、靖远县、秦州区、麦积区、秦安县、甘谷县、武山县、泾川县、灵台县、崇信县、庄浪县、静宁县、西峰区、庆城县、环县、华池县、合水县、正宁县、宁县、镇原县、安定区、通渭县、陇西县、渭源县、临洮县、漳县、康乐县、永靖县	30
青海	西宁市、海南藏族自治州、海东地区	3	城中区、大通回族土族自治县、湟中县、湟源县、贵南县、互助土族自治县、乐都县、民和回族土族自治县、平安县	9
宁夏	银川市、吴忠市、固原市、中卫市	4	灵武市、盐池县、同心县、原州区、西吉县、隆德县、彭阳县、沙坡头区、中宁县、海原县	10
合计		40		180

2.2.3 普查表设计

普查表是反映普查对象各项属性信息（各个指标数据）及其关系的规格表式，是规范普查实施技术人员填报行为的格式性表格。为保证普查机构和技术人员正确理解和规范填报普查表，应该做好普查表的表式和填报说明的设计与编制。

在普查表表式设计时，首先，应明确填表机构，即填报各类水土保持措施普查数据的最基层单位，如以县为单位填报，则普查表首行需给出填报的县级行政区名称和代码；其次，应包含所有的普查指标名称，明确其计量单位，并能够体现各类指标之间的关系（如包含、并列的关系）；第三，应为指标数据的汇总与分析提供基本数据，保证按照设计的区域、方式进行数据的汇总和分析，例如，水土保持措施的基本数据应保证能够由县级汇总到地（市）级、省级，由县汇总到流域片区，这就要求每个县级的普查数据分解到该县域涉及的流域，按照流域进行填写；最后，应按照普查工作流程为填表人、复核人和审查人设计签名、盖章的位置，保证对数据填报的质量控制责任落实到具体的工作者和机构。

普查表的填报说明是普查表必不可少的组成部分，在编写填报说明时，应达到明确地说明普查表中各个指标的含义、计量单位、指标之间的关系、填写要求以及数据审核与控制的量化关系，避免概念与含义上的歧义，消除理解的不一致，排除不合理数据。

第一次全国水利普查水土保持措施普查表表式见附录1附表1-1，水土保持治沟骨干工程普查表表式见附录1附表1-2。附表1-1中，将县级各类水土保持措施的数量按所在的大江大河流域分栏填写，即填写各流域所对应的措施数量，便于按照大江大河流域进行措施数量的统计与分析。

2.2.4 普查技术路线制定

普查的技术路线及工作流程主要依据普查工作组织和数据采

集的方式方法制定，可以通过普查试点总结经验、改进不足、修正完善后确定；也可以在总结以往相关工作的基础上，经过调研、分析和论证后确定。如第一次全国水利普查水土保持措施普查的技术路线就是在试点后完善确定的。

水土保持措施普查（不含水土保持治沟骨干工程普查）是以县级行政区划单位为单元（即将分布在一个县级行政区划单位范围内的各类水土保持措施分别打捆汇总得到整个县级行政单位的各类水土保持措施数据），由县级普查机构组织实施各个指标数据的采集，经地（市）级、省级普查机构对数据的合理性进行复核论证后上报国家水利普查机构。

水土保持治沟骨干工程普查工作，由县级行政区划单位组织开展，采取资料查阅和现场调查的方法获取各项普查指标的数据，经地（市）级、省级普查机构对数据的合理性进行复核论证后上报国家水利普查机构。

整个水土保持措施普查工作可以分为资料收集、数据分析、数据审核和数据汇总四个工作环节，其技术路线和工作流程见图2-1。在资料收集方面，应明确资料收集的主要机构、各级机构收集资料的种类以及要求（参见“2.1.2资料收集”）；在数据分析方面，应明确分析方法、步骤和依据；在数据审核方面，应明确审核流程、审核方法和数据合理性评价标准、误差容许范围等；在数据汇总方面，应明确汇总方式，如按水土保持措施类型、不同行政区划、水土保持区划、大江大河流域等范围编制汇总表，并建立水土保持措施普查数据库。

2.2.5 普查工作进度

普查工作的进度安排主要依据普查任务、主要工作环节及相关的要求来确定。每个环节的时间长短的确定既要充分考虑普查的工作量，又要保证普查成果的时效性；既要避免仓促实施、匆匆收兵，又要避免疲沓拖拉、缺乏效力。水土保持措施普查划分为前期准备阶段、清查登记阶段、填表上报阶段和成果发布阶

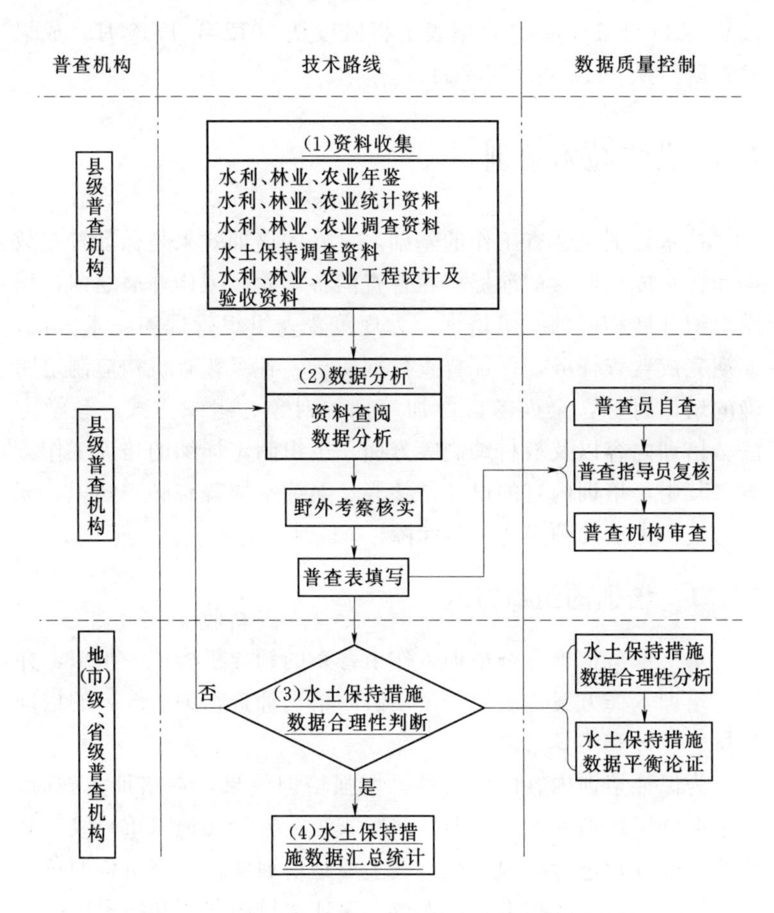

图2-1 水土保持措施普查技术路线与数据流程

说明：图中（1）、（2）、（3）、（4）分别为水土保持措施普查的资料收集、数据分析、数据审核、数据汇总四个工作环节。其中，（2）数据分析中也包含县级数据复核。

段，各阶段应根据工作量合理划分。在第一次全国水利普查水土保持措施普查工作中，严格地按照整个普查的进度安排，在规定的时间内完成了普查任务，达到了预期效果。第一次全国水利普查为期3年，从2010年1月开始至2012年12月结束，各阶段的时间要求为：前期准备阶段从2010年1—12月，清查登记阶段从 2011 年 1—12 月，填表上报阶段从 2012 年 1—6 月，成果发布阶段从 2012 年 7—12 月。

2.3 普查技术培训

技术培训是普查工作的基础，良好的培训效果是保证普查数据和普查成果质量的前提。在普查的各个阶段工作开展之前，均应组织开展相应的技术培训。为规范普查组织管理和技术方法，如期完成普查任务，保证普查数据质量，各级普查机构应制定明确的培训目标，全面考虑参加培训的对象、组织方式、教学方法、培训内容以及教材编制等方面，组织制定详细的培训工作方案。其中，培训内容的设计是核心，熟练掌握普查必需知识、规定与技术方法的师资配备是保障。

2.3.1 培训的组织方式

水土保持措施普查培训工作由普查的领导机构统一组织，并制定培训工作方案，组织数量足够的培训师资，编制统一的培训教材、课件和工具书等。

为保证培训内容的针对性，增强培训效果，在培训实施时，可采取分层培训的方式，即按照国家级、省级和地（市）级、县级等层次分别进行。国家级培训主要是培训各级普查机构的负责人、技术负责人及技术骨干人员，保证在组织层面和技术层面能够全面、正确地贯彻普查实施方案的规定和要求；省级和地（市）级培训主要是培训地（市）级、县级普查机构的负责人、技术负责人和普查指导员，应在国家级的培训后及时展开，确保趁热打铁，保证培训质量；县级主要是培训普查员、普查指导员。在省级和地（市）级、县级的技术培训中，可以安排或者邀请上一级的培训老师指导培训工作，确保培训内容、技术在各级的培训过程中不走样、不变形，避免传递失真的现象发生。各级的技术培训可根据当地实际，分批或分片实施，在规定的时限内完成。

2.3.2 培训对象及重点

根据各级普查机构的职责分工及必须掌握的普查知识与技术，普查培训分为师资培训和技术人员培训两类。国家级、省级和地（市）级均可以组织师资培训和技术人员培训，县级组织的培训主要是技术人员培训。师资培训是普查领导机构为各级普查机构组织和实施技术培训、培养和提供师资开展的培训，主要对象是各级普查行政负责人、技术负责人和技术骨干；技术人员培训主要是针对县级普查负责人、普查指导员和普查员开展的培训。

在培训时，应有效区分不同的培训对象，突出重点、分类施教。各级的师资培训应侧重于使其全面掌握普查实施方案，熟悉普查指标的含义与技术规定。在培训中，既要反复强调对普查对象和技术的基本概念、普查技术方法、工作流程和质量标准的正确理解，达到认识高度统一，又要培养和提高其普查知识、技术方法的传授能力和水平，达到课程讲解清晰透彻、疑问解答准确明白。各级普查机构行政管理人员、技术负责人和技术人员应了解和掌握普查的基础知识、技术方法和进度安排，在培训中，应侧重于普查必需的知识、工作步骤、数据采集与处理技术、数据审核方法及普查成果质量控制等内容，保证普查各个环节的数据平衡分析合理、质量可靠。对县级普查指导员、普查员，应侧重于指标含义、资料收集、作业流程、普查表填报、质量控制、普查软件使用以及相关技术规定，着重提高实施操作能力，保证数据采集顺利、可靠合理。

2.3.3 培训内容与形式

1. 培训内容

培训内容涉及水土保持措施普查的方方面面，主要包括普查组织和技术规定两个方面。普查组织包括普查机构及工作人员、普查指导员、普查员的分工与责任，普查进度安排，各个阶段的主要任务以及相关的规章制度等。技术规定包括普查对象的定义、指标的概念、技术路线与流程、数据采集方法、普查表填报要求、数据复核方法、数据审核方法、数据汇总方法、数据填报系统的使用方法以及各级、各环节的数据质量标准和质量控制要求等。

2. 培训形式

技术培训应坚持集中学习、突出重点、现场模拟、融会贯通的原则，对培训材料、授课方式等进行精心安排。培训期间，应以集中课堂讲授为主，同时积极采取分组讨论、师生互动、模拟实习（如试填普查表、试用数据填报系统）等活动，以便充分发现问题、及时解疑答惑。其中，应安排虚拟教学，让学员模拟参与、实践整个普查过程。培训结束后，还应充分利用网络平台，利用直观易学的多媒体材料，对普查内容进行辅导。开办网络信箱，建立QQ群，设立答疑电话专线，随时解答普查工作中遇到的各种问题，及时将有关问题及其解答材料结集印刷，送达普查工作人员，以避免理解上的歧义和操作中的变差。

2.3.4 培训教材

普查的领导机构应组织编制统一的培训教材，各级普查培训应全部采用统一的培训教材以及统一的辅助材料，包括书面教材、多媒体教材、工作手册以及其他材料。此外，还可录制相关技术培训的视频光盘，作为基层普查机构培训的辅助资料和反复学习的参考资料。在第一次全国水利普查中，培训材料包括了普查实施方案、培训教材、工作手册、数据质量控制规定、事后质量抽查方案、电子课件、多媒体教材和国家级培训视频光盘等。

2.3.5 培训分工和质量保障

在第一次全国水利普查技术培训中，国家级普查机构负责统一组织领导全国的水土保持措施普查培训工作，检查、指导和协调地方培训工作，组织制定全国水土保持措施普查培训工作方案，组织编制统一的培训教材、多媒体教材及课件，培训国家级的师资力量，负责组织实施国家级培训工作。流域普查机构配合开展国家级培训，指导和协调本流域的普查培训工作，组织本流域机构相关人员参加国家级培训和本流域的培训。省级和地（市）级、县级普查机构组织本级普查培训工作，制定辖区内普查培训工作实施方案，确保培训效果和质量，保证培训人员安全，组织相关人员参加上级培训和本级培训。

各级普查机构要根据工作实际，细化工作安排，聘请具有丰富的水土保持工作实践经验、教学经验的师资参与技术培训方案制定和培训教材编写，并保障培训的必要时间、按时参加技术培训；要提前部署培训工作，选派有责任心、能力强、业务精的人员参加培训，确定合理培训规模，做到先培训后上岗，未培训不上岗。参加技术培训的人员要相对固定，尽量实现原工作方向与普查工作内容对应一致。在培训过程中严格考勤，在每次培训后给考核合格的人员颁发培训合格证，未通过者不予颁发证书且不能从事普查工作。

在第一次全国水利普查中，国家级普查机构分年度制定普查专业培训实施方案，编制了培训教材，制作了多媒体培训教材，及时组织师资开展技术培训，先后开展国家级技术培训、指导省级和地（市）级技术培训，并编制了普查问答材料，为流域机构、省级、地（市）级和县级培训了一大批师资和技术骨干，为进一步开展技术培训准备了系统的资料、培养了良好的师资，为更高水平、更好质量地实施好普查工作提供了保障。

第3章 普查数据采集与质量控制

3.1 指标数据采集

3.1.1 数据采集

各类水土保持措施的数据采集可通过两种方法：①数据分析法，主要用于数量巨大的、难以逐个对象调查的、按照县份打捆填报的各类水土保持措施的数据采集，这类对象包括了绝大多数类型的水土保持措施；②野外实地测量法，主要用于可以逐个对象调查的水土保持措施的数据采集，这类对象就是水土保持治沟骨干工程。

1. 数据分析法

水土保持措施普查的主要方法是通过查阅相关资料获取各类措施的指标数据。对于收集的大量资料，可通过以下两个步骤来采集需要的数据。

（1）分类摘抄。分类摘抄就是将某一类措施（如梯田）的数量，从所收集到的资料中摘抄到一张表中。这一步工作简单，但要无遗漏、无重复、无错误，并且按照时间（主要是年代）顺序排列。要求摘抄数据的普查员熟悉水土保持业务，工作认真负责，能够辨别不同资料中的水土保持措施及其类型，对于同一年代同一类措施的不同数据要详细记录其资料来源，不能有半点虚假，更不能个人随意改变原始资料。

（2）分析采集。分析采集就是对某一类措施的多个变化数据，经过分析对比（或讨论）从中选取（采集）一个符合当前全县水土保持生态建设实际情况，并真正发挥水土保持作用的数据。这不是简单地选取最近某一年，或最大、最小数据，而是需要全面了解和清楚掌握全县水土保持措施动态变化情况的人员，经过对比分析、宏观调控、微观推敲、多人讨论以及实地考察等，才能最终确定。

对比分析是指对某一类措施的不同数据（亦称数量特征）进行相互对比，或逻辑推理，从而确定正确数据的方法。运用相互对比的方法时要注意“三为主”原则：即对于水土保持措施，尤其水土保持工程措施，应以水土保持部门资料为主，其他部分（如农业、林业）的资料只能作为补充和校正；对于植物措施中的植树造林（包括乔木、灌木或混交林），应以水利和林业部门的资料为主，其中管护、抚育（补植、封育等）和更新数据应以林业部门的资料为主，因为其他部门（含水利水保部门）一般不去防虫治病，不搞补植、更新等工作，栽植后的变化情况很难说清楚；对于草地（含封育），应以水利和农业部门的资料为主。上述“三为主”原则对于特殊情况并不适用，如“梯田”数据，经查阅水土保持部门资料少且残缺不全，而农业部门资料多而完整，能够反映梯田建设现状，因此就需要利用农业部门资料。逻辑推理通常是依据事物发展变化规律，推导出目前的发展现状的方法。在对比分析中某一类措施数量特征应按时间（年代）顺序，逐年累积增大，且在某一时段增大的数量（或称变率）基本保持不变，由此变化规律可以推导（计算）出发展至今的数量特征。这是因为我国一直重视水土保持事业并且在持续发展，对于具体的某县（或地域），其自然社会经济条件在一定时段变化甚微，所以增加数量（甚至毁坏数量）基本一致，这样的规律变化可用于指标数据的确定。

宏观调控是指用全县的资源总量或计划发展总量控制，确定水土保持措施的现存总数量或某一类措施的现存总数量特征的方法。运用该法时，注意以下三个方面。

1）用全县的土地资源总量、某时段水土流失面积总量、沟间地与沟谷地（或山丘、风沙区）总面积等作为控制，即最后确定的各类水土保持措施面积之和应小于全县土地面积以及对应时段水土流失面积数量。沟谷治理的水土保持措施总面积应小于沟谷地的总面积；水土保持基本农田总面积应小于沟间地的总面积（谷底小片的水地除外）；沙丘区的水土保持措施面积应小于活动和半活动沙丘区面积等。

2）用全县土地利用计划、规划总量或经济发展（农果牧产品、产值总量）总量作为控制，确定水土保持措施总量或者某一类措施的正确数量。一般地，基本农田与粮食、油料作物的种植发展相对应，经济林及经济作物与经济发展相对应（不含工业发展），草地面积与畜牧产品（专指牛羊养殖）相一致等，通过这些总量来确定相关类型水土保持措施的数量。

3）用会议文件、上报文件中的数据作为控制，确定水土保持措施总量或者某一类措施的正确数量。一般地，行政或行业会议、每年上报上级管理部门（行政业务）的报告与文件，都是经过当时的业务或行政会议研究、审核确定的，考虑比较周全，既有发展速度，也有用途转变，更有损失毁坏，应具有较高的真实性，依此为据对照分析确定相关指标数据。

微观推敲是指对于某一类措施而言，从多年发展的重大历史事件中观察、分析，得出目前保存数量的方法。由于该法涉及具体的水土保持措施和历史事件，需要做细致的微观分析，未经历或不了解县史发展的人员很难应用此法。以下举例说明如何运用该方法。水土保持基本农田数量是历年水土保持工作的积累，同时随重大工程治理有较大增长变化，当贯彻“退耕还林还草”政策，或有大片移民搬迁区域，或受洪涝、泥石流、滑坍等自然灾害情况时，数量又有减少，这就需要从累计中扣除损失。植物措施数量与国家“退耕还林还草”、封育恢复植被等政策实施有关，也与县域经济发展转型有关，如发展经济林、中药材、种草、牧业、荒沟荒坡植树等政策执行。小型蓄水保土工程（水窖、涝地、引水工程等）与抗旱保收、解决人畜用水，或贫困区扶助工程等有关。治沟骨干工程通常由国家出资、群众投劳实施，因此常与国家重大水土保持工程建设有关。通过查阅分析这些相关资料可以推知某一类措施的数量。

限于普查员、普查指导员的经历、年龄，应该对搜集的资料在一定范围内组织相关人员进行讨论，回忆历史、甄别事件，确定取得数据最可依据的资料和辅助材料。

总之，无论采用何种方法，都要符合县域的实际情况，采集的数据要合理、正确，数据来源要明确、清楚，分析推理要充分、科学。

2. 野外实地测量法

对于水土保持治沟骨干工程普查所要求的指标，有些极难从工程建设、验收的资料中找到，例如工程的精确地理位置（经度与纬度坐标）、工程的结构尺寸、已淤库容及工程现状照片等，都需要到野外现场调查和测量。例如治沟骨干工程库容上下限为 50 万～500 万 m^3 之间，虽然工程的设计资料在此范围，但由于各种原因，实际库容也可能出现变更，需要现场查验，才能保证得到真正的指标数据。

野外调查采集法也适用于那些开展水土保持年代较晚、措施类型单一或比较集中的地区。事实上，在第一次全国水利普查中，有些地区就以村镇为单位，经过现场调查，取得各类水土保持措施的实际存有量数据，然后上报到县级普查机构，再经审定、汇总统计实现了指标采集。

无疑，这种方法取得的数据更加实际、可靠，更加真实。

3.1.2　数据填报

水土保持措施普查数据填报是将上述分析调查采集的水土保持措施（含治沟骨干工程）的数量，按普查要求填入《水土保持措施普查表》和《水土保持治沟骨干工程普查表》（见附表 1-1

和附表1-2），并签名、加盖县级普查机构公章后，逐级上报到地（市）级和省级普查机构。

填写《水土保持措施普查表》和《水土保持治沟骨干工程普查表》时，应注意“填表说明”的各项规定和要求，避免对相关的概念含义、指标计量单位、数量构成的错误理解和填写格式的错误。如“基本农田”是指人工修建的能抵御一般旱、涝等自然灾害，保持高产稳产的农作土地，包括梯田、坝地和其他基本农田等3类，农业上“保护基本农田”的“基本农田”不全是本表所指的“基本农田”；各项水土保持措施的数量均有规定的下限值，就不能将小于下限的数值填入表格；某项水土保持措施的现状数量为零时应填写“0”，而不得空缺；面积单位为 hm^2，就不能将以亩、km^2 为单位的数量直接填入表格；各类水土保持措施应按照所在的大江大河流域分栏填写，这就要求数据不得重复和遗漏，各流域数据不得串列；治沟骨干工程普查中的照片应能够全面反映出治沟骨干工程的枢纽组成、运行状况、淤地情况及坝地利用情况，这就要选择好拍摄的地点、拍摄角度，而不能随意照相、敷衍了事。

3.1.3 复查、复核与审核

为确保水土保持措施普查工作顺利开展和普查成果的质量，需要对填报的普查表、统计汇总表以及工作报告等进行认真仔细地审查。对于县级普查机构来说，包括了普查员的自查、普查指导员的复核和本级机构的审查，因普查表是由本机构组织填写完成，需再次检查、核准无误才能上报；对于地（市）级和省级、国家级来说，应逐级进行数据接收和审核，这是上级对下级工作成果进行审查、核准与认可。

1. 县级的复核与审查

县级普查机构的复核与审查极为重要，它关系着全国普查成果的源头真实和基础可靠，因此复核与审查必须格外严格，通常要分三步进行，首先是普查员的自查，再是普查指导员复核，最后由县级普查机构审查完成。县级复核与审查的重点主要包括五个方面：①检查有无“缺少”或“遗漏”的信息和指标，既涉及普查指标的数据，也涉及行政单位、工作人员、机构的信息，甚至指标数据的计量单位，以保证普查指标的完整性；②检查有无填报“错误”，既要检查填表与计算机系统录入的“张冠李戴”的错误、表格数据与录入系统数据不一致的错误，也要检查填报数据超出指标上限或下限值的错误，以保证普查结果的有效可靠；③检查采集指标所使用的原始资料来源、采用的分析（或调查）方法以及水土保持措施机构是否正确、合理，以保证普查结果的合理性和科学性；④审查各类水土保持措施数据与基层乡镇地域分布的吻合性，防止脱离实际的“捏造”，保证普查结果的真实性；⑤审查所采集并汇总的水土保持工程措施、植树造林、种草措施的数量与相关部门掌握的数据及全县实际情况的相符程度，以使普查结果得到县内各部门、各层次的认可、满意和称赞。

鉴于上述复核与审查的任务重、责任大，在实施上述三步复查时，应各有侧重。普查员自查以前两项为主，以检查普查表中填写数据的格式、数值及其来源资料为主。自查过程中，普查员应思想冷静、态度认真、工作仔细，要回忆、思考和重新演算普查结果，并核实与之相联系的资料。若发现问题，应补充相关资料，改正数据。普查指导员多为业务骨干，工作时间较长，经验丰富，并对全县的水土保持工作情况比较了解，因而担当着普查数据复核的责任。普查指导员可以同普查员一起进行复核，并询问讨论，对照实际的资料进行复查与核算，也可同其他熟悉业务的人员一起完成。重点是复核普查表中数据的来源，分析与推理方法以及指标与全县情况、发展历史、重大事件的一致性，保证普查数据的基本质量。县级普查机构的审查多采用会议集体讨论研究、主持人负责的方式进行。审查会议要对普查结果负全责，因而要成立由水利（水保）、农业、林业和统计、土地等部门的管理人员及相关领域的专家组成的审查组，对普查成果全面复查。审查组应首先听取普查员（或普查指导员）关于资料收集、指标数据及其合理性分析，以及与有关部门的讨论、协调情况等的全面汇报，然后经过质询、答疑与慎重分析讨论，得到乡镇和各部门的认可，或由主持人就会审提出的问题交由普查人员进行修改完善，再经参加会议人员签名后，方可作为县级普查成果盖章上报。

2. 地（市）级和省级审核

地（市）级与省级普查机构的事业管理和政策理论水平相对较高，对宏观全局的情况掌握多，但对辖区范围内的具体实际细节了解较少，因而对普查表审核的重点与县级不同。这两级审核的重点包括三个方面：①表中数据的采集来源，即数据来源于调查和实测，还是来自于年鉴、报告、规划等文件，以便为整个区域的口径统一打下基础；②资料分析、逻辑推理的具体方法，对分析方法、计算公式和系数采用等都应仔细讨论研究，看看是否正确、合理，以判断普查表数据的真实可靠；③针对辖区的自然、经济社会条件以及历年水土保持工作开展情况，对整个区域各个县份数据的空间分布进行认真审查和调整（亦称区域间平衡），以便统一汇总上报尺度、反映真实情况。由于地（市）级和省级的范围较大，有的涉及几个大流域，因而在平衡分析时还要考虑流域间平衡问题。

地（市）级和省级的审核多采用会审方式，成立由有关部门代表和相关专家组成的审核组，尤其需要熟悉和掌握水土保持工作总体和全局情况的人员参加。会审步骤与县级审查相同，可以逐县分别进行，也可集中起来，首先集中听取各县份的汇报，集中进行质询答疑，再统一讨论。分县份进行会审时，需要主持单位的代表熟悉各县份的基本情况，了解和掌握普查的规定和要求，并做到心中有数；集中进行会审时，应对不明确的问题反复讨论，互相进行比较，利用掌握的相关资料进行多方面的对比论证，确定一个各个方面都能接受的方案，然后由县级普查机构按照会审的要求进行修正完善。

省级的审核一般需要在流域普查机构代表参与下进行，以便反映区域间、流域间水土流失综合治理的特点和差异。

3.1.4　数据汇总

水土保持措施普查的数据汇总由省级普查机构完成并上报国家普查机构。数据汇总是建立在对整个省份的各地（市）、各县份的普查数据和相关成果的全面审核基础上，数据可靠、单位正确、精度一致，最后相累加得全省份的普查汇总数据。

省级的汇总数据及汇总表格式应能反映地（市）级和县级的行政区划、大江大河流域、水土保持区划等方面的水土保持措施情况，以便为国家从不同角度分析和掌握水土保持措施的分布与数量打下基础。在数据汇总与分析的基础上，省级普查机构应编写普查工作报告，阐述水土保持普查数据的资料来源与采集方法、各类措施的空间分布、省内水土流失综合治理特点、水土保持生态建设历史发展以及对普查成果的自我评价等，以便为国家级普查机构总结普查工作和部署以后的工作提供基础素材。在普查数据汇总表、普查工作报告之外，省级普查机构还要将普查资料录入磁盘，与纸制的表格、工作报告一并上报，以便建立全国水土保持措施普查数据库。

3.2　质量控制

提高普查成果质量、获得真实可靠的普查数据，是水土保持措施普查工作成败的关键，也是实现普查目标的基本保障。普查质量控制的目标是确保普查工作依法开展、规范实施，确保普查对象应查尽查、不重不漏，确保普查内容应填尽填、完整规范，确保普查数据真实可靠、来之有据，确保普查成果符合各项目标要求。质量控制贯穿整个普查工作的始终，各级普查机构应按照普查工作的阶段划分，组织实施检查督导、审核验收、抽查评估等质量控制工作，及时发现和纠正工作过程中出现的问题，做好数据保证。

为实现高质量的水土保持措施普查，国家级普查机构应制定水土保持措施普查质量标准和质量控制规定，要求各级普查机构按照普查实施方案和数据质量控制规定，结合当地实际情况，编制普查质量控制实施方案，明确各个阶段质量控制的实施安排以及检查督导、数据审核和质量抽查工作计划。各县份、地（市）和省份的普查机构应严把质量关，对于复核、审核未通过的普查表，应全部退回并监督整改、重报。国家级普查机构应加强国家级数据接收审核工作，对于存在疑问和不合理数据的省份，应明确指出问题，提出整改意见，直到上报数据科学、合理；应对正式填表上报的普查数据质量依据统计分析原理进行质量抽查和评估，分析普查数据的差错率和可信度，形成质量评估报告。

3.2.1 质量控制规定

水土保持措施普查的质量控制工作应要求资料收集、数据分析采集、数据审核、汇总分析等各个阶段均达到规定要求。

1. 资料收集阶段的质量控制

资料收集阶段的质量控制主要由县级普查机构组织实施，包括普查员自查、普查指导员复核、普查机构审查三个环节。要求复核检查资料来源的全面性、完整性与可靠性，复核检查水土保持措施数据采集与分析方法的科学性、合理性和规范性。具体的质量标准包括：治沟骨干工程的控制面积、总库容、已淤库容、坝高、坝长的允许误差小于3%，地理位置精度为1″。具体的质量规定包括：水土保持措施普查数据经论证后方可进行填表、上报，并且有填表人、复核人、审查人签名及单位盖章，审查后，要将专家组的审查意见和专家个人意见登记表一并上报上级普查机构。

2. 数据分析阶段的质量控制

水土保持措施数据分析阶段质量控制由县级普查机构、地

（市）级普查机构、省级普查机构分别组织实施。各级普查机构采取审核和检查指导的方式对水土保持措施普查成果进行质量控制。

县级普查机构要做好水土保持措施普查数据采集和分析的全过程质量管理，采取召开工作例会、座谈会、讨论会等多种方式，对水土保持措施普查工作进行研究、指导和检查，及时掌握水土保持措施普查工作进展情况，及时研究解决普查工作中存在的问题，保证普查数据质量。

地（市）级和省级普查质量控制通过对普查数据的全面论证与审核来实现。在数据审核中，要将普查数据与已经掌握的数据、实测数据或野外验证数据进行对比，以确保数据真实、可靠、合理；还应建立专家组，经审查会议论证通过后，填写审查意见和专家个人意见登记表，方可进行数据汇总与上报。全流程检查、指导和督导是地（市）级、省级实施质量控制的重要方式，要求两级普查机构定期或不定期采用召开相关人员参加座谈会、现场办公、检查指导等形式，了解和发现普查中存在的不足，解决普查工作中的问题与困难，保证和保障普查数据质量。地（市）级普查机构要每季度对辖区所有县的工作检查一次，省级普查机构每季度要检查25%的县。

3. 数据汇总阶段的质量控制

数据汇总阶段的质量控制由地（市）级、省级和国家级普查机构分别组织实施。该阶段质量控制的重点与资料收集、数据分析两个阶段不同，首先是检查普查表、汇总表和工作报告的完备性（即检查是否缺少这些材料），分析汇总数据的准确性及各类措施在不同区域分布的合理性；若发现汇总数据及其结构、分布存在疑问，再进一步逐级检查、审核汇总表一直到县级的普查表，保证各级各类水土保持措施数据的合理性；而前两个阶段的质量控制，不仅检查普查表的完整性和普查数据的合理性，还要检查数据来源的真实性、数据分析方法的科学性以及水土保持措施分布的平衡性。

各级普查机构数据汇总阶段的质量标准主要包括：汇总表数量齐全，辖区内各地（市）、县份以及大江大河流域、水土保持分区的数量齐全，汇总表中各项指标无空缺，汇总表数据与普查表数据之和对应一致、完全闭合，普查表数量与辖区县份数量一致，水土保持措施普查工作报告内容符合“第5章　普查成果资料与要求”的规定。

3.2.2　过程控制

水土保持措施普查工作应做到全过程、全人员质量控制和质量保证，及时发现和消除事前、事中和事后影响普查数据质量的各种因素，做到尽可能早发现、早解决，加强对普查内容、关键节点和薄弱环节的质量监控；切实将质量控制的目标、任务和责任分解、落实到普查的每一个岗位和每一个人员，构建层层组织、人人参与的质量控制工作体系。

为保证普查数据的质量，除明确普查各个阶段质量控制规定和要求外，各级普查机构应及时组织开展检查、督导活动，成立普查工作的督导检查组，不定期对下级普查机构的普查工作进行督导检查，确保各阶段普查工作规范进行、实施到位。上级普查机构应通过巡回检查、专项检查等形式，及时发现、分析和通报下级普查机构工作中存在的质量问题，提出整改措施和建议；下级普查机构应积极配合上级普查机构的检查、督导工作，如实反映情况，及时提供资料，接受检查人员指导，及时落实整改要求。

国家级和流域普查机构开展督导检查，主要以听取汇报、查阅文档、实地考察和研讨指导的方式进行，不仅要召开审查会对普查阶段成果进行合理性评价，评价各省份普查工作的质量，而且应建立普查固定电话、电子邮箱、QQ群等，及时对普查过程中的疑难问题进行讨论和解答；应及时归纳各地存在的问题、总结先进的工作经验，对共性问题给出对策、措施和要求；应及时开辟水土保持措施普查问答专栏，登载水土保持普查答问资料以供参阅，防止出现系统性或大面积的普查质量偏差。

3.2.3　国家级审核

1. 形式审查

形式审查主要是检查上报电子数据和纸质数据的资料类别是否齐全，内容是否完整、一致，表格是否有遗漏、空缺，签名、盖章是否齐全，工作报告是否按照编制大纲要求编写，以及普查技术路线和工作流程是否规范等。

2. 数据审核

按照普查实施方案和数据质量的规定和要求，审查县级普查表数据指标填写是否符合质量控制要求；检查地（市）级和省级汇总数据是否统计正确，纸质数据与电子数据是否一致，治沟骨干工程表中的数据与空间数据是否一致；检查县级、地（市）级和省级的数据是否对应一致，成果能否达到全面性、完整性、规范性、一致性、合理性和准确性等质量控制的要求。

3. 审核意见反馈与整改

根据审核结果，按省份编写审核意见并正式下发到各省份，要求各省份随时接受国家级普查机构的数据审核与质询，并根据审核意见进行数据复核和整改工作，并以电子表和勘误册形式按照普查规定重新上报县级普查表、省级汇总表和省级工作总结报告。

4. 指导复核

为切实做好省级水土保持措施普查复核整改工作，提高复核整改质量，国家级数据审核组应及时对存在问题较多、较严重的省份进行督促、检查，开展现场指导，协助复核数据的资料来源、数据采集方法和数据分析方法，做到检查彻底、指导对症、整改有效。

3.3　事后质量抽查

事后质量抽查是在地方完成数据采集和数据填表上报并形成

全国普查成果后，由国家级普查机构组织开展的一次独立性调查，通过对选取抽样对象（样本）的又一次重新调查和数据填报，对比分析和评价全国普查成果的总体质量水平。

国家级事后质量抽查工作由国家级普查机构统一组织，流域普查机构参与，各省级普查机构承担。国家级普查机构负责设计事后质量抽查方案，选择抽查样区和样本，组建事后质量抽查队伍，开展培训动员，监督指导抽查过程，开展抽查结果的分析处理。流域普查机构负责本流域管理范围内质量抽查过程的监督、检查与指导。各省级普查机构负责国家级质量抽查人员选调，协调被抽查样区所属县级普查机构做好普查情况介绍、材料提供、现场联络等工作。国家级事后质量抽查组按时完成所分配样区样本的数据采集、填表和封装工作，编制抽查工作报告，及时提交国家级普查机构。

国家级事后质量抽查的样区和样本由国家级普查机构确定。抽样方法依据普查对象的特点确定，可采用两阶段分层随机抽样法或简单随机抽样法。抽查内容按普查方法和指标的可获得性拟定，如抽查水土保持措施普查过程的规范性和数据合理性，治沟骨干工程数量和指标数值的准确性等。

根据抽样调查结果，可对水土保持措施普查成果进行误差分析，给出普查成果的合理性评价。

第 4 章　普查对象及指标

水土保持措施普查的对象就是各类水土保持措施。水土保持措施是指在水土流失区，人们为防治水土流失，保护、改良与合理利用水土资源，改善生态所采取的技术措施，即防止水力侵蚀、风力侵蚀、冻融侵蚀、重力侵蚀、化学溶蚀等侵蚀的全部治理措施。而对于某一类具体措施来说，如植物措施中的造林、种草、封育等，它既有减少地表径流、保持土壤、防止水力侵蚀作用，还具有覆盖地表、改变风场、减缓风力侵蚀的功能；对于分布于谷坡、沟缘的植物措施来说，还有缓和重力侵蚀的作用。由此可见，水土保持措施配置分布区域位置不同，所发挥的防治水土流失的功效有所不同。通常来说，水土保持措施包括了工程措施、植物措施和耕作措施。但在第一次全国水利普查水土保持措施普查中，水土保持措施是以历史悠久、分布广泛、作用显著的工程措施、植物措施为普查对象。本次普查不包括耕作措施，这是因为耕作措施技术标准低、尺寸规格小，年年变更、稳定性差，各地的耕作种植十分复杂、难以统计。另外，水土保持工程措施中的治沟骨干工程，投资大，防洪拦泥效益显著，在建设中均单独设计、独立施工，在统计时单独列出，本次普查也单独列出，并逐坝单独调查相关指标。

本章基于第一次全国水利普查涉及的水土保持措施普查的各类对象，阐述每类水土保持措施的概念、普查对象的数值上下限、对象识别以及应注意的相关事项。

4.1 水土保持措施

水土保持措施普查对象包括水土保持基本农田（含梯田、坝地和其他基本农田）、淤地坝、坡面水系工程、小型蓄水保土工程等工程措施，水土保持林（含乔木、灌木）、经济林、种草、封禁治理等植物措施，以及其他可以按面积计算的水土流失治理措施（见附表1-1）。生产建设项目水土保持工程实施的水土保持措施，不纳入本次普查的对象之中。

各类水土保持措施的含义、功能、形式以及在普查工程中应该注意区别的相关对象说明如下。

4.1.1 基本农田

基本农田是指人工修建的能抵御一般旱、涝等自然灾害，保持高产稳产的农作土地，包括梯田、坝地和其他基本农田三类。

20世纪50年代，水土保持行业提出的“基本农田”与后来《基本农田保护条例》中的“基本农田”是两个不同的概念。国家标准《水土保持术语》（GB/T 20465—2006）中的“基本农田”是在开展水土保持坡（地）改梯（田）的过程中发现坡地修成梯田后，保水保土保肥效果很好，在一般旱、涝灾情况下能保持高产稳产而不减产，成为解决吃饭问题的基本农田。后来进一步发展，将坝地、滩地和小片水地也纳入水土保持行业的基本农田之中，通称基本农田。显然“梯田、坝地和其他基本农田”是《基本农田保护条例》所指基本农田的一部分；而《基本农田保护条例》所称“基本农田”是指依据土地利用总体规划确定的不得占用的耕地。

基本农田是一项最主要的水土保持工程措施，也是保水保土效益最为明显的措施之一。水利部在《关于报送水土保持工作情况统计表的通知》（保生〔2003〕4号）中要求报送的基本指标中就有基本农田，各地按照文件要求已经开展了多年的数据上报工作。所以在收集到的资料中，水土保持部门、国土部门和农业部门对基本农田的定义是不一样的，水土保持普查中的基本农田只包括梯田、坝地和其他基本农田三类。在普查过程中，要从不同行业收集到的资料中筛选符合水土保持行业定义的基本农田。

1. 梯田

梯田是为防止水土流失，将山坡、丘坡、沟坡地人为改造为沿等高线修筑的田面水平或均整，纵断面呈水平台阶式或波浪式断面的田地。南方又称梯地、梯土。梯田是山区、丘陵区常见的一种基本农田，由于地块顺坡按等高线排列呈阶梯状而得名。面积大于 $0.1hm^2$ 的梯田均要计入普查对象之中。

梯田最早起源于水稻田，西汉《氾胜之书》已有记载，至今我国南方称坡面水稻田为梯田，而把不能灌溉的旱作梯田称梯地或梯土。梯田数量大、分布广，我国南北都有。梯田能减缓坡面坡度，缩短坡长，拦截降雨径流和泥沙。梯田一般可以拦截70%以上径流、90%以上泥沙。梯田能增加水分入渗，提高土壤含水量，蓄水保墒，保肥，提高地力，增加粮食产量。据测定，梯田土壤含水量比坡耕地高1.3%～3.3%，增产30%以上。梯田田面平整，有利于实现机械化和水利化，随着山、水、田、林、路综合治理的实施，使机械耕种和水利灌溉更为方便。梯田的种类较多，可根据断面形式、建筑材料、土地利用方向、施工方法等进行类型划分。

按断面形式，可以把梯田分为水平梯田、坡式梯田和隔坡梯田等。水平梯田沿等高线方向修筑田坎，两坎间田面呈水平状，田坎均整、等高，蓄水保土能力强，生产耕作方便，是应用最为广泛的一种梯田类型，适于种植小麦、水稻、旱作物和果树等。水平梯田以前多由人工修建，而今多用机械修筑，常采用半填半挖方式修筑（见图4-1）。

坡式梯田是在缓坡地上每隔一定间距沿等高线修筑地埂，依靠逐年耕翻移动土体和自然径流冲淤并加高地埂，使田面坡度逐年变缓，最终变成水平梯田的一种过渡形式的梯田（见图4-

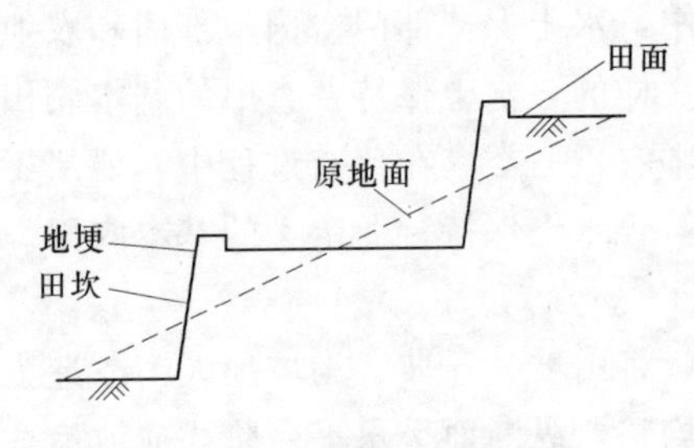

图 4-1　水平梯田断面图

2)。相对于水平梯田，坡式梯田蓄水保土能力较差，大雨和暴雨还要在局部产生水土流失，但修筑省工，称初步治理。适宜于坡度较缓、水土流失较轻、劳力较少的地区。

隔坡梯田又称复式梯田，在坡面上修成相邻两水平阶台之间隔一斜坡段的梯田，纵断面成平坡相间的复合形式，从斜坡段流失的水土可被截留于水平阶台，增加了土壤水分和养分，有利于农作物生长，提高产量；斜坡段可种草、灌木，栽植经济林或林粮间作（见图 4-3)。通常在坡度较大、人口少而土地面积大的干旱和半干旱地区修建这类梯田，既利于水土保持和抗旱，又加快了治理速度。

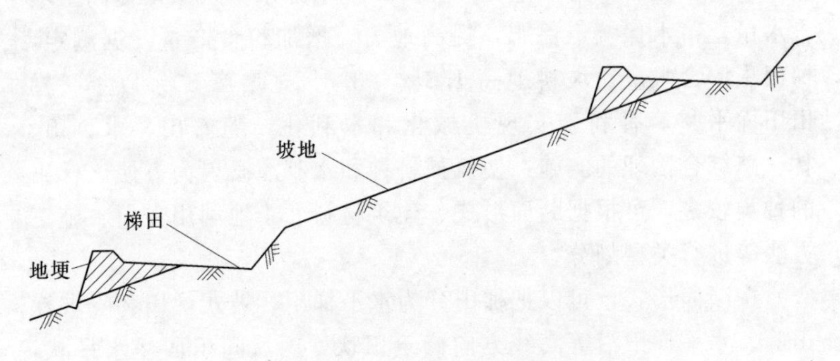

图 4-2　坡式梯田断面图

按建筑材料（指建筑田坎的材料），可以把梯田分为土坎梯田、石坎梯田、植物坎梯田等。在黄土高原地区，土层深厚，年降水量少，土料取用方便，一般修筑土坎（埂）梯田。土埂的修筑应分层碾土或夯实，保持外侧坡有一定坡度，并且埂坎要高出梯田田面和埂顶水平，以拦蓄防御降雨径流（见图 4-4)。在石质山区或土石山区，石多土薄，降水量多，修筑石坎梯田坚固耐

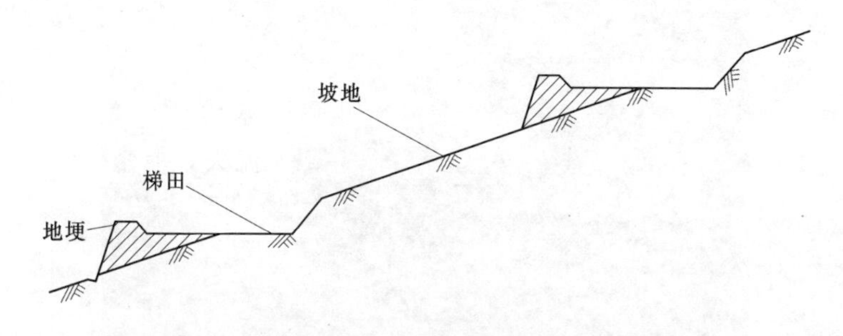

图 4-3　隔坡梯田断面图

用。石坎多用块石干砌或浆砌，断面呈梯形，外侧坡较陡，坎顶水平宽度较大，可作田间道路（见图 4-5）。在一些地区，地势较为低缓，降水较多，有利于植物生长，可采用栽植灌木、种植牧草为植物田坎形成植物坎梯田。植物坎的形成基本有两种方式，一是在修成土埂外侧坡上种草、灌木，用以护埂并取得经济效益；另一种是密植灌木带，上方逐渐培土，既保持水土，又促进灌木埂的形成和发展。

图 4-4　黄土高原的土坎梯田

按土地利用方式，可以把梯田分为农用梯田、果园梯田、造林梯田和牧草梯田等，以农用梯田和果园梯田最为普遍（见图 4

图 4-5　南方地区石坎梯田

-6）。还可依灌溉与否，分为旱作梯田和灌溉梯田等，有水源条件之地，尽可能配套建设灌溉梯田。

图 4-6　黄土高原果园梯田

按施工方法，可以将梯田分为人工梯田和机修梯田。早期修筑的梯田，尤其对于面积较小、田面较窄的土坎梯田或石坎梯田，一般均采用人工修筑。近期修筑的梯田，特别是在坡度平缓、田面设计较宽、劳力较少的残塬区和土质山丘区，大面积修筑水平梯田，常常采用机械修筑的方法，可节约劳力，提高修筑质量，加快实现山丘区梯田化（见图4-7）。

图4-7 正在修建中的机修梯田

在黄土高原沟壑区，塬面平展坡缓，人们沿等高线修成条长面宽的条田，也属水平梯田。还有一类波浪式梯田又称埝地，它是在小于5°的缓坡地上（塬面上），顺坡每隔一定距离（距离较大），修鱼脊形软埝，埝体宽大，向上下游截水沟倾斜，软埝边坡平缓，不影响农业耕作，可种植作物或牧草。截水沟一般是水平状，能拦蓄全部径流，对于干旱缺水的地区是很好的稳产高产措施。若降水多，也可将截水沟修成一定坡降的排水沟，保护农田。

在本次普查中，只要是梯田，不论是清、民国时期修建的老梯田，还是新中国成立后修建的新梯田；不论是哪个部门组织修建的梯田，还是哪位个人投资修建的梯田；而且不论梯田上种植农作物，还是其他作物（如经济作物，还是茶园、橘园、果园等经济林），只要是在普查时期仍然发挥着良好的水土保持功能的，统统计入梯田。

2. 坝地

坝地也称沟坝地、坝淤地，是在沟道中修建的淤地坝、拦泥坝等拦泥蓄水工程，经由泥沙淤积于坝内形成的地面平整的可耕作利用的土地。面积大于 $0.1hm^2$ 的坝地均要计入普查对象之中。

因受地形、地质条件或人力、资金等影响，沟谷中建设的淤地坝大小规格不同，功能作用各异，如拦洪坝、拦泥坝、淤地坝、过路坝、谷坊等，拦泥淤地面积大小不一，利用程度也不一致，有的因“泛盐碱”不能利用而放弃，统计时要注意将“耕作利用”的部分计入坝地，若转为其他用途（造林、种草）或荒废，则不要计入坝地中。

坝地是黄土高原的基本农田之一，深受群众的喜爱（见图4-8）。在干旱、半干旱气候条件下，无灌溉条件，农作物经常受旱，产量低而不稳。沟坝地既可拦蓄泥沙增加土壤养分，又能拦蓄沟谷径流提高土壤水分含量，使坝地作物产量高而且稳，成为名副其实的稳产高产农田。我国西南地区对四面环山中间形成的平坦地形，称“坝子”、“平坝子”，其土地称“平坝地”或“坝地”。此类土地不是水土保持部门的坝地，不能计入普查对象之中。

图4-8　黄土高原坝地

3. 其他基本农田

其他基本农田是指实施的小片水地、滩地、引水拉沙造田等农田。面积大于 0.1hm^2 的地块均要计入普查对象之中。

小片水地是指在非平原或河川地以外的其他区域通过地形改造成为水浇地的农田（见图 4－9）。水浇地是指有水源及灌溉设施，能进行灌溉的农田，甘肃河西走廊群众利用祁连山融雪（冰）径流，开垦的灌溉农田就是典型。在干旱地区开展农业生产，积极开发利用地表水、地下水资源，改旱地为水浇地，是合理利用水土资源，提高单位面积产量的有效措施之一。

图 4－9　南方丘陵区小片水地

滩地是指河流和海边淤积成的平地或水中的沙洲，用于农业种植的土地（见图 4－10）。河边滩地（称河漫滩）有高滩、低滩之分，高滩地（高河漫滩）是汛期一般大洪水不能淹没的滩地，低滩地在汛期常被洪水淹没。本次普查的滩地是指高滩地。湖海边的滩地常受潮水影响，高潮不能淹没或受围堰保护高潮不能淹没的滩地，才是稳定用于农作的土地，应予统计。那种常受潮水影响，种收均不稳定的土地不要统计。

引水拉沙造田就是利用沙区河流、海子（湖泊）、水库的水源，自流引水或机械提水，以水力冲拉沙丘，把沙子携带到人们

图 4-10　沙丘滩地

需要的低平地方，并平整造田。拉沙造田既是综合治理风沙的措施之一，又是开发沙区土地资源、扩大沙区耕地面积、建设基本农田的主要办法，还是发展粮食生产和多种经营的有效途径。通常引水拉沙造田工程，由于引水水源、地形、拉沙造田规模等条件的不同，有很大差异，一般包括：引水渠、蓄水池、冲沙壕、围埂、排水口等，如图 4-11 所示。

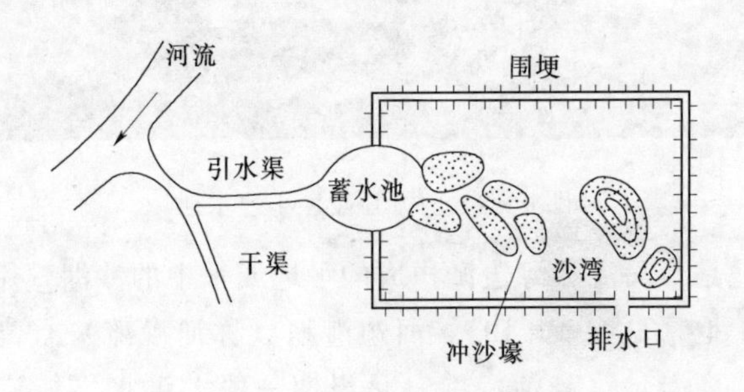

图 4-11　引水拉沙示意图

4.1.2　水土保持林

水土保持林是指在水土流失区造林营林，提高森林覆盖率，有效发挥拦蓄径流、涵养水源、调节河川径流、防止土壤侵蚀、改良土壤和改善生态环境的水土保持功能的人工林。按防护目的和所处地形部位不同，可以将水土保持林分为坡面防护林、沟头防护林、沟底防护林、塬边防护林、护岸林、水库防护林、防风固沙林、海岸防护林等，见图4-12、图4-13。

图4-12　丘陵山区人工护岸护滩林

图4-13　黄土高原坡面人工灌木林

在本次水土保持措施普查中，限定的水土保持林是指用人工种植的方法营造以防治水土流失为主要功能的人工林，因此一些高山地区非人工种植的天然林不在此范围内，市区公园、森林公园、植物园中的林子也不属于本次普查范围。

人工林和天然林的区别有多方面。首先，人工林分布于浅山近山区和丘陵区，与人居住地较近，如南方杉木林、竹木林；天然林多在深山远山，或者在高山上。其次，人工林由人工营造，地面多有整地措施的痕迹（如鱼鳞坑、水平阶等），且栽植株行距一定，比较规范；天然林则依自然地形生长，疏密不一。第三，人工林的树种是经过选择适宜于本区的速生树种，如黄土高原的人工刺槐林、杨树林等纯林，或与紫穗槐、柠条等混交的混交林，最明显的是人工林林相整齐，疏密均匀，生长势强；而一般天然林没有这些特点，生长既不规范也不整齐。但如果对天然林进行人工补植或更新改造，使原天然林面貌焕然一新，则应纳入人工林中；若仅仅补植，则属天然林人工抚育，不能算作人工林。

海涂是海水平均高潮线与平均低潮线之间的地带。它在涨潮时被海水淹没，退潮时露出水面。这类滩地的泥沙比较黏细，呈粥状或粉糊状，而且滩面平展，或缓缓地向海洋倾斜。在我国南方，尤其是江浙一带，常常被称为“涂”。海涂造林，其目的是防风、绿化，能有效地改善农田生态环境，提高农业综合开发效益。所以，在南方沿海地带的海涂红树林属于水土保持林。

塬边防护林主要分布在甘肃省的陇东、相邻的陕北部分区域和晋西黄土高原地区。在塬边建设的塬边防护林，具有固定沟头、塬边，防止集中股流下泄的防护功能，也可阻挡干热风，保护农田。见图 4－14。

具有水土保持功能的人工种植和栽植的水源涵养林、用材林、生态林、水土保持防护林等多林种并存，交错分布时，剔除用材林外其他的均按水土保持林统计，见图 4－15。

普查表登记时，只分乔木林和灌木林来填报。乔木林是指人工乔木林，以乔木为主的乔灌混交林按乔木林填写；灌木林是指人工灌木林，以灌木为主的乔灌混交林按灌木林填写。面积大于

图4-14　董志塬塬边防护林

图4-15　鄂尔多斯水土保持林

0.1hm^2 的林地均要计入普查对象之中。

1. 乔木林

乔木是指树身高大的树木，由根部发生独立的主干，且高达5m以上的木本植物，与低矮的灌木相对应，通常见到的高大树木都是乔木，如松树、栎树、杨树、白桦等。按照叶子的形态，乔木分为针叶和阔叶两种；按冬季或旱季落叶与否，又分为落叶乔木和常绿乔木。

乔木防护林分布广、种类多，在水土流失严重的地区主要有坡面防护林、沟道防护林两种，前者用于控制坡面地表径流和土壤流失，保护下部的农田、水库等设施；后者用于控制地表径流下泄和冲刷，制止沟头前进、沟壁扩张、沟床下切，防止侵蚀沟进一步发展，减少沟道的输沙量。鉴于分布位置不同，又分为沟缘（沟边）防护林、沟头防护林、沟坡防护林和沟床防护林，分别防治沟边、沟头、沟坡和沟床侵蚀发展（见图 4 - 16）。

图 4 - 16　坡面和沟道防护林

在沙丘边缘、绿洲边缘、平原区的河湖边缘，风沙活跃，风蚀严重。通过植树造林形成防护林带（网），改变风场、降低风速、增加地表覆盖，消除风蚀，保护绿洲农田和沿海平原区农作物。如福建省沿海一带风害严重，20 世纪 60 年代以后营造木麻黄、小叶桉、台湾相思等乔木防风林，使风沙危害基本得到控制。我国“三北”地区的防风固沙林带，在防止风沙危害、沙化扩张、保护农田和畜牧养殖以及村镇居民安全方面效果显著。图 4 - 17 为平原区防护林网，在防止干热风及风沙危害、保护作物稳产高产方面都有显著作用。

2. 灌木林

灌木无明显主干，为分枝从近地面处开始、群落高度在 3m 以下且不能改造为乔木的多年生木本植物，又称灌丛。灌木林林冠浓密有较强的截留降水作用，能够削弱雨水对地表的冲击力，

图 4-17　平原区农田防护林

灌木枯枝落叶层有较强的蓄水持水作用，减少地表径流流动，有增加水源涵养的效能；灌木根系发达，根系总量多，保持水土、防风固沙、防止侵蚀的作用强大。

在黄土高原及“三北”地区营造灌木林意义重大。它耐旱耐寒，能在陡坡劣地上扎根生长，如紫穗槐、柠条；有的能适应沙地生境，耐沙压，能忍受风沙吹扬，生长快、易繁殖，如沙柳、细叶岩黄芪（花棒）、塔落岩黄芪（踏郎或洋柴）；有的不仅有优异的水土保持作用，还有极高的经济价值，如沙棘果实含维生素 C 丰富，可制取高级饮料，种子可压榨沙棘油，有极高的医用价值。此外，荆条不仅是编织原料，还可作为牲畜饲料等（见图 4-18）。平原区的灌木林不宜纳入本次普查对象之中。

4.1.3　经济林

水土保持经济林是指利用林木的果实、叶片、皮层、树液等林产品供人食用、作工业原料或作药材等为主要目的而培育和经营的人工林。面积大于 $0.1hm^2$ 的经济林地均要计入普查对象之中（见图 4-19）。

经济林在我国极为普遍，尤其在近几十年来发展十分迅速。在南方，除橡胶、漆树等工业用经济林外，柑、橘、橙、柚等果

图 4-18　沟坡灌木防护林

图 4-19　山区经济林

木经济林大面积栽培于山丘缓坡地；在北方，苹果、梨、桃、杏等水果及核桃、枣、柿、栗等干果发展很快。这些温带水果多栽植在缓坡梯田和水平梯田上，果农为丰产丰收，一般园地都配有保水保土措施，如埂、埝和蓄水设施，有的种植绿肥增加地表覆盖，水土保持效果更明显。

在南方地区种植广泛的桉树林，具有适应性强、培育周期短、木材产量高、用途广泛等特点，其木材可广泛用于人造板、细木工板、造纸制浆、食用菌、家具等方面。桉树作为纸浆的主要原料具有很好的经济价值，但很多人认为，种植桉树会影响种植地的生态环境，原因主要有三点：①对水土造成不利影响，使蓄水层干枯；②对土壤产生不利影响，使土壤贫瘠；③桉树林里“上无飞鸟、下不长草”，影响了物种多样性。目前在学术界，桉树是保护水土资源还是加剧水土流失，说法不一，本次普查中经过多次研讨，决定将桉树不作为水土保持经济林进行统计。

青海省黄河沿岸部分县份的大面积经济林种植在农业部门统计的水浇地内。如果是梯田内的经济林，应该统计到梯田里。其他地类的经济林，均统计到经济林中。

4.1.4 种草

水土保持种草是指在水土流失地区，为蓄水保土、防止风蚀、改良土壤、发展畜牧业、美化环境而种植的草本植物，即人工种草。但不包括庭院草坪、高尔夫球场草坪等。从全国范围讲，人工种草主要分布在北方地区，在南方地区较少，草种以紫花苜蓿、草木樨、沙打旺最为普遍。面积大于 $0.1hm^2$ 的草地均要计入普查对象之中。林草间作的，按乔木林、灌木林或经济林填写。

人工种草一般是以养畜为目的，通过整地播种，以豆科牧草为主，经营水平高，产草量高。黄土高原地区3年生紫花苜蓿每公顷产鲜草12750～23550kg。还有种草与农作物轮作或间作，这对于改良土壤理化性质和贫瘠缺肥具有重要意义。天然草一般处在荒山荒坡，在黄土高原最常见的长芒草、隐子草、冰草、蒿、阿尔泰紫碗等，自生自灭，随生境不同，长势差异很大。因此，人工草地和天然草地区别明显。对天然草地的补植补播面积是否计入水土保持种草之中，可根据具体情况区别对待。若天然草地进行了封禁管理，辅以了人工补植，则不计入种草，而应按照封禁治理中达到的郁闭度和面积要求，整个作为封禁治理面积统计；如果天然草地不是封禁管理，补植的种草面积大于

$0.1hm^2$ 的，就作为种草面积统计。对于新疆维吾尔自治区的退耕还草工程，因具有防治风力侵蚀、保护土壤的作用，应作为种草面积统计。

4.1.5 封禁治理

封禁治理指对稀疏植被采取封禁管理，利用自然修复能力，辅以人工补植和抚育，促进植被恢复、控制水土流失、改善生态环境的一种生产活动。采取封育管护措施后，对于高寒草原区（如青海、西藏部分区域等），同时满足植被覆盖度达到40%以上、面积大于 $10hm^2$ 的封禁地块，计入封禁治理面积统计；对于干旱草原区（如内蒙古、宁夏部分区域），同时满足植被覆盖度达到30%以上、面积大于 $10hm^2$ 的封禁地块，计入封禁治理面积统计；除高寒草原区、干旱草原区外的其他区域，同时满足林草郁闭度达80%以上、面积大于 $10hm^2$ 的封禁地块，计入封禁治理面积统计。

封禁治理包括封禁育林和封禁育草两大类。封禁育林有封山育林、封沟育林、封禁防护等，在全国的南方和北方均在实施。由于原始天然林遭到反复破坏，形成次生林或一些人工林，在采伐后缺少管理林地撩荒，这样裸地上生长一些萌生林木或与天然发生树种混交成次生林。这些次生林多分布于浅山区或沟道、沟坡，它既具有防护、保持水土的作用，又有多种副产品，具有开展多种经营的意义。次生林的封禁治理包括封禁、抚育、防虫治病、人工补植及间伐、更新管理等，可以使林木生长迅速、林分质量越来越高、生态经济效益越来越显著。封禁育草有封滩育草、封山（沟、坡）育草等，分布于“三北”地区及青藏高原的牧区。由于人为破坏或牲畜超载、乱牧乱放，导致天然或人工草场牧草退化、毒草丛生，草场的产草量和利用率低下，甚至出现牲畜啃食草根、破坏草皮，引起土地沙化、流沙再起，这样就需封禁治理。草地封禁同林地封禁一样，包括防护封禁、补植、更新等方式，使牧场草地尽快恢复被覆，快速生长，提高产草量和防沙、固沙效益。

封禁治理常采用“全封”、“半封”和“轮封”的做法，以求既保护林草，又照顾当前生产和多种经营。“全封”即禁止一切人为活动，牧区常设围栏，不许人和牲畜进入；“半封”是在不破坏林、草条件下，允许在一定时期（季节）在林内开展副业生产和多种经营活动，牧场则人工刈割，秋末冬初可放牧；“轮封”是划定范围或一定区域，草场被围栏分隔，每隔一定时期（林地为 3～5 年，草地为 2～3 个月）轮流利用和封育管理。

无论采用哪种方式的封禁治理，只要封育管护措施后林草郁闭度达 80%以上，统计为封禁治理面积；高寒草原区植被覆盖度达到 40%，干旱草原区植被覆盖度达 30%以上时，也统计为封禁治理面积。但在同一地点若有不同部门投资封禁整理，只能计算一次面积，不能重复计算。

封禁治理都有年限，若过了封禁治理年限且已经具备自然修复能力，辅以人工补植和抚育，林草郁闭度达到 80%以上和面积大于 $10hm^2$ 的地块均计入封禁治理面积统计。

林业部门封育的“三北”防护林工程是天然林，若达到普查要求的覆盖度和面积下限的，应计入封禁治理面积统计。

自然保护区、风景区以及其他区域内的天然林、次生林草不包括在水土保持林和封禁育林之内。小流域治理中的水土保持林和封禁育林不分行业投资限制，只要具有防治水土流失功能的，均要计入封禁治理面积统计（见图 4－20）。

4.1.6　其他

其他是指基本农田、水土保持林、经济林、种草、封禁治理 5 项水土保持措施以外的，可以按面积计算的水土流失治理措施。面积大于 $0.5hm^2$ 的地块均要计入其他统计面积。在荒山荒地开发的苗圃地若面积大于 $0.5hm^2$，封禁治理的湿地面积达到规定要求，均可以统计其他措施之中（见图 4－21）。

图 4-20　小流域围栏封禁治理

图 4-21　育苗基地

4.1.7　淤地坝

淤地坝指在多泥沙沟道修建的以控制沟道侵蚀、减少洪水泥沙灾害和拦泥淤地为主要目的的沟道治理工程设施。按库容大小，可以分为小型淤地坝（库容 1 万～10 万 m^3）、中型淤地坝（库容 10 万～50 万 m^3）和大型淤地坝（库容 50 万～500 万

m^3)。大型淤地坝已属水土保持治沟骨干工程，但也应按照要求将其数量和已淤地面积统计在淤地坝之中（见图 4-22）。

图 4-22　黄土高原淤地坝

我国筑坝淤地已有三四百年历史，在陕西省和山西省的黄土丘陵区至今仍保有数百年前人工修成的坝地，仍在种植利用。20 世纪 50 年代后，随着水土保持生态建设发展，淤地坝大规模建设，从小型、中型逐渐向大型发展，主要分布在水土流失严重的黄土高原，其中陕西省和山西省的数量最多。淤地坝拦泥增产效益十分显著，单坝淤地面积从几亩到几十亩、上百亩，平均每亩拦泥 3000～4000t。只要做好坝地的防洪、排涝、治碱、灌溉工作，就可提高坝地的利用率和保收率。坝地土壤肥沃，抗旱能力强，一般每公顷产量达 3000～5250kg，是坡耕地产量的 4～10 倍。

淤地坝数量是指淤地坝的总座数。已淤地面积是指淤地坝拦蓄泥沙淤积形成的地面平整的可耕作土地面积。坝地受沟道径流影响，地下水位抬升，尾部常有泛盐碱现象，需要开沟消除盐碱，否则耕作利用率就会降低。

4.1.8　坡面水系工程

坡面水系工程是指在坡面修建的用以拦蓄、疏导来自山坡耕地、林草地、荒地以及其他非生产用地上产生的地表径流，防止山洪危害，发展山区灌溉的水土保持工程设施，主要分布在我国南方地区，如引水沟、截水沟、排水沟等。北方部分山丘坡面上，沿等高线开挖水平沟，两端封闭，以拦蓄上部坡面径流；还有鱼鳞坑、竹节沟等坡面水系工程，多为植树造林整地，已纳入植物措施中，不再重复。

引水沟、排水沟为非封闭式水沟，它在承接并排导上方径流时，又有沙泥汇集，因而沟道需要注意水流冲刷和泥沙淤积，通常建造植被水道或砌石水道，并定期清淤，维修保证工程正常运行。

坡面水系工程的控制面积是指工程所能够保护农田的面积，坡面水系工程的长度是指工程的总长度。单个长度大于10m的工程均要计入普查对象进行统计（见图4－23）。

图4－23　山丘区坡面水系工程

为防护村落修建的拦水坝不能算做坡面水系工程，因为不是引水沟、截水沟、排水沟等坡面水系工程。如果没有防止沟岸扩张的功能，仅仅是拦水护村，也不能算进小型蓄水保土工程中。

部队营区位于山坡下，坡上不长树，不长草，平时或下雨时，石块泥土冲击坡下营区，将山坡表面用水泥石头封住，此情况属于居民区浆砌石坡面防护工程，而不属坡面水系工程。

4.1.9 小型蓄水保土工程

小型蓄水保土工程是指为拦截天然来水、增加水资源利用率和防止切蚀、沟头前进和沟岸扩张而修建的具有防治水土流失作用的水土保持工程。包括点状、线状两类。

1. 点状小型蓄水保土工程

小型蓄水保土工程中的点状工程包括水窖（旱井）、山塘（堰塘、陂塘、池塘）、沉沙池、谷坊、涝池（蓄水池）、沟道人字闸、拦沙坝等工程。

水窖有水土保持建设的水窖、人饮工程建设的水窖、给水工程用于灌溉的水窖三类。如图4-24所示，多建于黄土高原等缺水或水味较苦的地区，用于储存庭院、道路、场院雨水、雪水，一般建有防渗防漏设施。这些水窖主要是用来拦截天然来水，解决人畜饮水，还可应用于农田抗旱。

图4-24　水窖

涝池建于村旁、沟头、路边等，能拦蓄径流和泥沙，有防止坡面水土流失的作用。在干旱半干旱地区，涝池能供牲畜饮用、点浇作物，是常见的小型蓄水保土工程。

山塘是我国南方地区修建的一种小型蓄水工程，它三面环山，一面垒土碾压筑埂、拦蓄山坡径流，主要用于灌溉养殖等。为了在向山塘汇集径流的过程中少淤泥沙，通常上游冲沟中要有沉沙池或沉沙凼，或建石谷坊，以拦截泥沙。山塘、沉沙池属于小型蓄水保土工程的点状工程（见图 4-25）。

图 4-25　池塘

谷坊是山丘区沟谷中防治侵蚀而修建的小型工程，有土谷坊、柳谷坊、石谷坊、浆砌石谷坊等多种形式，一般规格较小，长度和高度多在 5m 内，它能抬高侵蚀基准防止沟谷下切，拦蓄泥沙稳固沟岸，进而减缓侧蚀。在同一小沟内，常分段建立多个谷坊，组成谷坊群，有更好的水土保持治沟效果（见图 4-26、图 4-27）。

拦沙坝是沟谷中拦截粗大颗粒石块、砾石为主而修建的拦挡工程。其主要作用是拦蓄石块、岩屑、泥沙，减缓沟床比降，对滑坡体运动产生阻力，促进沟坡稳定，目前多用于防治泥石流危害而修建。按建筑材料，可以分为砌石坝、格栅坝（钢坝）、混凝土坝等，多为钢筋混凝土建筑，一般造价高；除水土保持部门外，交通部门、铁路系统多修建此工程，保护线路场站设施（见图 4-28）。

图 4－26　流域中的土谷坊群

图 4－27　浆砌石谷坊群

2. 线状小型蓄水保土工程

小型蓄水保土工程中的线状工程包括沟头防护、沟边埂以及北方部分地区拦洪（导洪）等工程。长度大于 10m 的工程均要

图 4－28　拦沙坝

计入进行统计。在资料中只有数量没有长度的线状工程，可以通过野外典型调查，确定典型或标准长度来推算其长度。

沟头防护修建在沟头，用以防止因径流冲刷而引起的沟头前进、沟床下切和沟头扩张，在黄土高原有保护塬面，不受蚕食和保护农田或村庄道路的作用。沟头防护工程有拦蓄式和排水式两种。拦蓄式沟头防护以沟埂加横土挡或埂墙加涝池两种形式拦蓄上部径流、巩固沟头，还可拦洪提供抗旱用水和牲畜饮用，这在陕西省和甘肃省的高塬区广泛采用。排水式沟头防护多因上游集水面积大径流多或无有利地形拦蓄径流，用修跌水、泻槽等防冲工程，将径流安全排入沟底。该防护工程在陡坡时均有跌水或泄水管，沟底有消力池或铺石消能，工程量大、造价高，仅在有条件的地方适用。

沟边埂多建于塬边有浅沟汇集径流下泄的地段，常以培土埂并加横土挡，或土埂加塬边防护林形式出现，对拦蓄径流保护塬面农田，防止沟岸扩张作用十分显著。

在黄土高原区，塬面侵蚀浅沟（亦称集流槽）发育，形成瓦背状坡地。初期治理采用水簸箕，将浅沟径流分段拦蓄；后期随土地连片整治，顺沿等高线修拦洪堤，将水簸箕连接起来，规格大、拦蓄效益明显。有的因蓄积径流多淹没庄稼，则在一端或两端将径流引向涝池或蓄水池，这时既有拦洪也有导洪作用。

4.2　水土保持治沟骨干工程

水土保持治沟骨干工程是指治理沟谷侵蚀、拦泥蓄水、防止洪水泥沙威胁下游治理工程安全及引发洪涝灾害的重点工程，也称“骨干坝”。该工程实质是大型淤地坝工程，设计库容为50万～500万m^3，坝高大于30m，上游集水面积多在15km^2以上，分布在黄土高原坳沟中下游或干沟的中上游，属于水土保持治沟措施中的重大工程，除防蚀拦泥蓄水外，还是控制沟蚀的“骨干”，有保护其他措施，或替代附近其他措施的作用，故而十分重要。

大型淤地坝一般由坝体、溢洪道和泄水洞三部分组成。淤地坝坝址应选择在沟道库容大或淤地面积大，沟谷较窄的地方设坝体，溢洪道和泄水洞应建在基岩或较坚硬的土基上，以免冲刷坝体。黄土高原淤地坝的坝体多为均质土坝，也有少数土石混合坝，因沟中多有常流水，坝体设有反滤体；泄水洞多为卧管和无压涵洞；溢洪道多采用开敞式宽顶堰溢流与陡坡或多级跌水消能连接。从工程结构上看，它与小型水库无明显差异，但从功能上看极不相同，淤地坝的功能主要在于控制沟蚀拦泥淤地，而水库则在于拦洪蓄水、调节径流，前者注重坝后的淤地面积，后者注重坝后的库容积。

水土保持治沟骨干工程普查的指标包括工程名称、控制面积、总库容、已淤库容、坝顶长度、坝高、工程所属项目名称和地理位置。同时，要现场拍摄工程的照片。

4.2.1　治沟骨干工程名称与代码

工程名称是指治沟骨干工程建设设计和审批的名称，不得填写与审批名称不一致的其他名称。治沟骨干工程的代码采用10位数字，其中前6位为县级行政区划代码，后4位为不重复的治沟骨干工程的顺序码。顺序码的范围为0001～9999，设计为这样的顺序码是基于每个县份的治沟骨干工程的总数量不大于9999座的基本预计。县级普查机构可按0001、0002、…由小到大的顺序编顺序码。

4.2.2 控制面积

控制面积是指治沟骨干工程上游集水区的面积。注意：如果在一个沟道中分布有多个治沟骨干工程，构成了坝系，则较下游骨干工程的控制面积不包括上游其他治沟骨干工程所控制的集水区面积，这时控制面积仅仅包括从坝体向上游到第一个治沟骨干工程之间的面积。

4.2.3 总库容

治沟骨干工程的总库容是坝体与沟谷两侧合围形成的容积。坝体高程不同，其容积不同，拦泥坝高对应的容积称为拦泥库容，滞洪坝高对应的容积称为滞洪库容，拦泥坝高与滞洪坝高之和对应的为总库容（见图4-29、图4-30）。

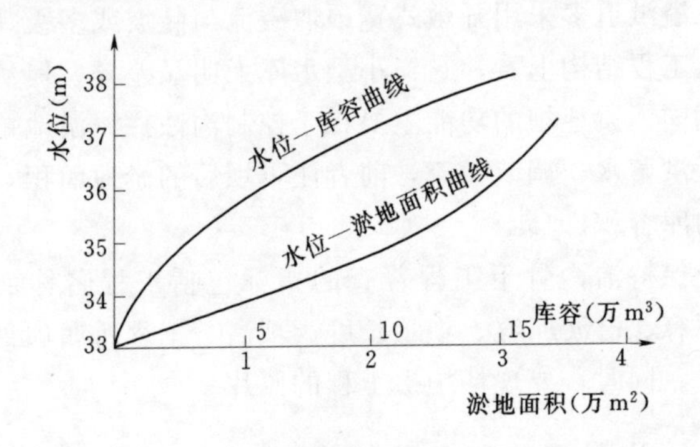

图4-29　治沟骨干工程水位（H）与库容（V）、淤地面积（F）曲线图

4.2.4 已淤库容

已淤库容是指治沟骨干工程已经拦蓄淤积的泥沙容积或体

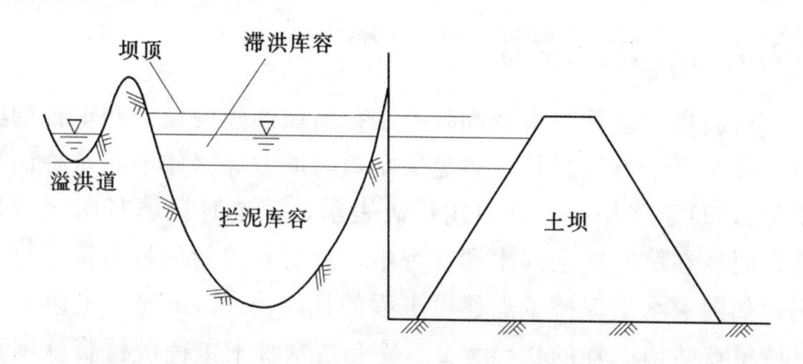

图4-30　治沟骨干工程坝高与库容示意图

积。一般地，骨干工程设计中有水位（淤高）与库容曲线、水位（淤高）与淤地面积曲线（如图4-29所示），只要测得坝后淤积泥沙面的高程（即水位），在曲线中不难查出已淤积库容，即已经淤积的泥沙体积。

应该说明的是，图4-29通常是用来说明水库的库容与水位关系和蓄水面积与水位关系的（称库容特征曲线）。若用来表达治沟骨干工程的泥沙淤积体积与淤积高程［不是水位高程，应是坝高相对高程，或泥面（位）高程］的关系和淤积面积与淤积高程的关系（可称为淤积高程曲线），则应将图4-29中的“水位”改为“淤积高程”或“淤高”。否则，若库容已淤满，无“水位”可言；若库容未淤满，坝内尚蓄积部分水体，水位较高，而泥沙淤积体积和淤积面积均达不到线图上表示的数值，实际要小的多。

4.2.5　坝顶长度

坝顶长度是指从治沟骨干工程的左坝肩到右坝肩的长度，通常决定建坝的工程量。

4.2.6　坝高

坝高是指治沟骨干工程坝体的最大高度，通常决定坝后的库容大小。

4.2.7 所属项目名称

所属项目名称是指治沟骨干工程所属的建设设计和审批的项目名称。为了方便起见且避免文字填写的差异（如不写全称而填简称），总是将相关的项目用代码表示，普查时只填写所属项目的代码。在第一次全国水利普查中，就对有关的项目名称进行编码，如国家水土保持重点建设工程的代码为1、黄河中上游水土保持重点防治工程的代码为2、黄土高原水土保持世行贷款项目的代码为3、农业综合开发水土保持项目的代码为4、黄土高原水土保持淤地坝工程的代码为5、其他项目的代码为6（是指前述的5个项目以外的其他项目）。

4.2.8 地理位置

地理位置是指治沟骨干工程的坝体轴线中点处的经度和纬度。

4.2.9 工程照片

为真实反映和记录治沟骨干工程的现状情况，要求拍摄治沟骨干工程照片，并填写登记拍摄照片的时间。拍摄时间的格式为年月日，如2011年9月5日。洗印照片的尺寸为5英寸，数码照片的大小为1～3MB，要求照片能够全面反映出治沟骨干工程的枢纽组成、运行状况、淤积情况及坝地利用情况等。为保证照片能够反映这些特征，可以从多个角度拍摄照片，并进行编号命名，命名规则为治沟骨干工程名称加短线加日期加短线加照片序号，即：治沟骨干工程名称-年月日-序号，如郝家沟骨干工程-20110620-01、郝家沟骨干工程-20110620-02、郝家沟骨干工程-20110620-03分别表示2011年6月20日拍摄的第一、第二、第三张郝家沟骨干工程的照片。

治沟骨干工程中的控制面积、总库容、坝高、坝顶长度等4个指标数值在工程设计尤其是在竣工验收时已经确定，一般不会因为年份的变化而变化。如果工程建设时间较早，没有设计和验收文件，则需要通过实地测量得到坝高、坝顶长度和控制面积 3 个指标数值，通过同类地区典型治沟骨干工程类比推算得到总库容指标。

水土保持治沟骨干工程普查表填写示例如图 4-31 所示。

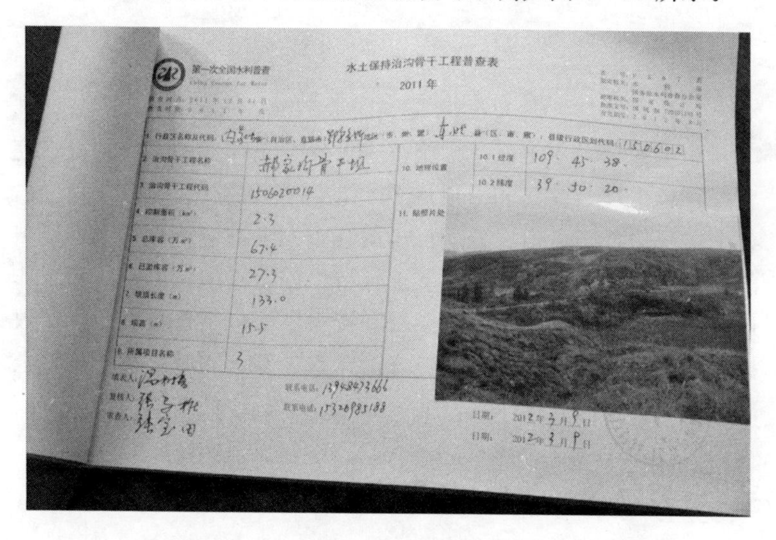

第一次全国水利普查

水土保持治沟骨干工程普查表

2011 年

2. 治沟骨干工程名称	郝家沟骨干坝	10. 地理位置	10.1 经度	109 45 38
3. 治沟骨干工程代码	1506020014		10.2 纬度	39 30 20
4. 控制面积（km²）	2.3	11. 贴照片处		
5. 总库容（万 m³）	67.4			
6. 已淤库容（万 m³）	27.3			
7. 坝顶长度（m）	133.0			
8. 坝高（m）	15.5			
9. 所属项目名称	3			

联系电话：13948473666

联系电话：15326985188

日期：2012 年 3 月 8 日

日期：2012 年 3 月 9 日

图 4-31　治沟骨干工程普查表填写示例

第5章　普查成果资料与要求

为全面记录水土保持措施普查工作各个环节的实施情况，完整保存各个环节收集和形成的资料，不断促进普查技术的发展，各个层次的普查机构、各个机构的普查人员都应该注重普查资料的收集、整理和保存。基于水土保持措施普查的技术路线和工作过程，各级普查机构的普查成果和资料主要包括普查表、普查数据汇总表、数据审核报告和普查工作报告等，同时应建立包括全部成果和资料的数据库和档案。

5.1　各级普查机构成果材料

各级普查机构的水土保持措施普查主要成果资料如下。

5.1.1　县级普查机构成果材料

县级普查机构是水土保持措施普查的基层组织实施单位，主要普查成果包括水土保持普查表、普查工作报告、收集的相关资料、普查工作中形成的行政文件和技术文件，以及基于这些成果和材料建立的数据库与档案等。

对于青海、甘肃、宁夏、内蒙古、陕西、山西和河南等具有黄土高原水土保持治沟骨干工程普查任务的省、自治区的县份，除了上述的普查成果之外，还有水土保持治沟骨干工程普查表和水土保持治沟骨干工程汇总表。

5.1.2　省级和地（市）级普查机构成果材料

省级普查机构是组织全省（自治区、直辖市）地（市）级普查的机构，地（市）级普查机构是协助省级普查机构、组织县级普查的机构。主要普查成果包括整个省份［或地（市）］的普查表、省级［或者地（市）级］普查成果汇总表、省级［或者地（市）级］普查工作报告、水土保持措施分布图、普查工作中形成的行政文件和技术文件、收集的相关资料，以及基于这些成果和材料建立的数据库与档案等。

5.1.3　国家级普查机构成果材料

国家级普查机构是水土保持措施普查的统一部署和领导机构，主要普查成果包括全国的普查表、普查成果汇总表、省级普查工作报告、水土保持措施分布图、普查工作中形成的行政文件和技术文件、收集的相关资料，以及基于这些成果和材料建立的数据库与档案等。

5.2　各种普查成果材料要求

5.2.1　普查表

普查表包括水土保持措施普查表和水土保持治沟骨干工程普查表。这两个表均由县级普查机构填写完成，同时将数据录入数据库。对于一个县份而言，水土保持措施普查表只有一份；水土保持治沟骨干工程普查表有许多份，具体的份数与普查对象——治沟骨干工程——的数量一致。

普查员、普查指导员和县级普查机构应该遵照填报说明及对水土保持措施类型、指标解释及其审核关系等的要求，准确填写各个指标数据和相关信息，保证每个数据、数据关系以及相关信息的准确性，不得出现缺项、漏项、数据关系错误（如在水土保持措施普查中，各指标数据不得小于对象下限值、分大江大河流域水土保持措施数据之和不得大于、不得小于、只能等于某种措施数据）。

5.2.2 普查数据汇总表

水土保持措施普查数据汇总表是指按照行政区划、大江大河流域、水土保持区划等统计普查表的数据得到的表格。在进行水土保持措施普查数据汇总时，应充分考虑，全面反映地（市）级、省级、全国三个行政区划层次，全面反映一级、二级水土保持区划的两个层次。按照行政区划，汇总表包括地（市）级、省级、国家级三级的汇总表；按照水土保持区划，汇总表包括二级区划、一级区划的汇总表。

为分析和反映各类水土保持措施在行政区划单位、大江大河流域和水土保持区划单元的分布与数量，在某个行政区划内汇总数据时，也可以按照大江大河流域、各级水土保持区划等统计水土保持措施数据；或者，在某个大江大河流域内汇总数据时，也可以按照各级行政区划、各级水土保持区划等统计水土保持措施数据；或者，在某个水土保持区划内汇总数据时，也可以按照各级行政区划、大江大河流域等统计水土保持措施数据。

全国、省（自治区、直辖市）、地（市、州、盟）水土保持措施汇总表表式如表 5-1～表 5-6 所示，全国、省（自治区、直辖市）、地（市、州、盟）、县（市、区、旗）水土保持治沟骨干工程汇总表表式如表 5-7～表 5-10 所示。至于按照大江大河流域、水土保持区划汇总水土保持措施数据的汇总表表式，可以参照表 5-1～表 5-10 表式进行设计。

5.2.3 普查工作报告

水土保持普查工作报告是普查工作的全面总结材料，应科学、系统地反映普查对象与范围、普查结果（水土保持措施数量）、

表5-1　全国水土保持措施汇总表（按行政区划汇总）

省（自治区、直辖市）	治理面积（hm^2）											淤地坝		坡面水系工程		小型蓄水保土工程	
	小计	基本农田			水土保持林		经济林	种草	封禁治理	其他		数量（座）	淤地面积（hm^2）	控制面积（hm^2）	长度（km）	点状工程（个）	线状工程（km）
		梯田	坝地	其他基本农田	乔木林	灌木林											
合计																	

表 5-2　全国水土保持措施汇总表（按大江大河流域汇总）

流域	治理面积（hm^2）										淤地坝		坡面水系工程		小型蓄水保土工程	
	小计	基本农田			水土保持林		经济林	种草	封禁治理	其他	数量（座）	淤地面积（hm^2）	控制面积（hm^2）	长度（km）	点状工程（个）	线状工程（km）
		梯田	坝地	其他基本农田	乔木林	灌木林										
长江																
黄河																
海河																
淮河																
珠江																
松花江辽河																
太湖																
其他区域																
合计																

表5-3　　省（自治区、直辖市）水土保持措施汇总表（按行政区划汇总）

行政区名称及代码：省（自治区、直辖市）__________代码□□□□□□

地（市、州、盟）	治理面积（hm^2）										淤地坝		坡面水系工程		小型蓄水保土工程	
	小计	基本农田			水土保持林		经济林	种草	封禁治理	其他	数量（座）	淤地面积（hm^2）	控制面积（hm^2）	长度（km）	点状工程（个）	线状工程（km）
		梯田	坝地	其他基本农田	乔木林	灌木林										
合计																

表 5-4　　　省（自治区、直辖市）水土保持措施汇总表（按大江大河流域汇总）

行政区名称及代码：省（自治区、直辖市）　　　　代码□□□□□□□

流域	治理面积（hm^2）										淤地坝		坡面水系工程		小型蓄水保土工程	
	小计	基本农田			水土保持林		经济林	种草	封禁治理	其他	数量（座）	淤地面积（hm^2）	控制面积（hm^2）	长度（km）	点状工程（个）	线状工程（km）
		梯田	坝地	其他基本农田	乔木林	灌木林										
合计																

表 5-5　　地（市、州、盟）水土保持措施汇总表（按行政区划汇总）

行政区名称及代码：地（市、州、盟）　　　　代码□□□□□□

县（市、区、旗）	治理面积（hm^2）										淤地坝		坡面水系工程		小型蓄水保土工程	
	小计	基本农田			水土保持林		经济林	种草	封禁治理	其他	数量（座）	淤地面积（hm^2）	控制面积（hm^2）	长度（km）	点状工程（个）	线状工程（km）
		梯田	坝地	其他基本农田	乔木林	灌木林										
合计																

表 5-6　　地（市、州、盟）水土保持措施汇总表（按大江大河流域汇总）

行政区名称及代码：地（市、州、盟）　　　　代码□□□□□□

流域	治理面积（hm^2）										淤地坝		坡面水系工程		小型蓄水保土工程	
	小计	基本农田			水土保持林		经济林	种草	封禁治理	其他	数量（座）	淤地面积（hm^2）	控制面积（hm^2）	长度（km）	点状工程（个）	线状工程（km）
		梯田	坝地	其他基本农田	乔木林	灌木林										
合计																

表 5-7　　全国水土保持治沟骨干工程汇总表

省（自治区、直辖市）	数量（座）	控制面积（km²）	总库容（万 m³）	已淤库容（万 m³）
合计				

表 5-8　　省（自治区、直辖市）水土保持治沟骨干工程汇总表

行政区名称及代码：省（自治区、直辖市）　　　　代码□□□□□□

地（市、州、盟）	数量（座）	控制面积（km²）	总库容（万 m³）	已淤库容（万 m³）
合计				

表 5-9　　地（市、州）水土保持治沟骨干工程汇总表

行政区名称及代码：地（市、州）　　　　代码□□□□□□

县（市、区、旗）	数量（座）	控制面积（km²）	总库容（万 m³）	已淤库容（万 m³）
合计				

表 5-10　县（市、区、旗）水土保持治沟骨干工程汇总表

行政区名称及代码：县（市、区、旗）	代码□□□□□□
数量（座）	
控制面积（km^2）	
总库容（万 m^3）	
已淤库容（万 m^3）	

普查工作组织与实施、主要经验及建议等。由于县级、省级和地（市）级、国家级等普查机构的主要任务及其必需的工作方式、主要普查成果等有所不同、有所侧重，各自的普查工作报告内容及其重点也应有所区别、各有侧重。

1. 县级普查工作报告的重点内容

县级普查工作是整个水土保持措施普查的基础，措施数据出自于县级机构的普查员、普查指导员，数据的可靠性在于县级普查机构。因此，县级普查机构对各类水土保持措施数据的出处资料、数据分析、数据复核与审查等就成为普查工作报告的重点内容，应分别说明各类水土保持措施普查结果的资料来源、相关数据的差异、结果数据验证与核实方法等。

2. 省级和地（市）级普查工作报告的提纲

省级和地（市）级普查机构承担着承上启下的作用，一方面要将普查的技术规定通过技术培训、技术指导和工作讨论等方式不折不扣地传递给县级普查机构及普查员、普查指导员，另一方面要对县级普查机构的普查结果进行质量把关并将通过审核的、合格的普查表上报给国家级普查机构。对于水土保持措施普查结果，省级和地（市）级普查机构的主要任务是审核县级上报普查数据，分析普查结果与区域内相关数据的差异，判断水土保持措施分布与数量的合理性。因此，普查工作报告的重点包括三个方面：①普查工作的组织与实施，如组织机构、普查实施、成果审核和数据汇总情况等；②普查结果分析，如水土保持措施的数量、结构与分布，各个环节的质量控制；③普查工作主要做法、经验、存在问题与建议等。省级工作报告的提纲见附录2的2.1。

3. 国家级数据审核工作报告与数据分析报告的提纲

国家级普查机构全面部署和组织实施水土保持措施普查工作，包括普查实施方案制定、技术培训组织、普查督导和技术指导、数据质量控制和国家级数据审核汇总等从前期准备和普查启动直到数据审核和事后质量抽查的全部过程。对于水土保持措施普查结果，国家级普查机构的主要任务是接收、审核地方的普查数据，分析水土保持措施分布与数量的合理性。为全面地记录和反映全国普查数据的接收、审核工作情况，全面地分析全国水土保持措施的数量、分布，可以将报告分为两部分，第一部分是国家级数据接收审核工作报告，第二部分是国家级数据汇总分析报告。

国家级数据接收审核工作报告应主要说明执行国家级数据接收与审核的人员与组成、审核的技术要点、审核的方式和方法、审核意见格式与内容等。报告的提纲见附录2的2.2。

国家级数据汇总分析报告主要是对普查结果进行归纳总结，分析水土保持措施的数量、结构和分布，并与往年国家公布的相关数据进行比较，分析数据的合理性及水土保持措施维护运行情况。报告的提纲见附录2的2.3。

5.3　普查成果图式要求

水土保持普查成果图式主要是指反映水土保持数量、结构与分布的图表与图件。图表主要用来反映水土保持措施的数量与结构，比如柱状图、条状图、饼状图等。图件主要用来反映水土保持措施的分布，包括措施类型与分布、措施数量与分布、措施结构与分布等，比如统计分布图、措施位置图、措施面积程度（水土保持措施面积占行政区域面积比例分级）图。

5.3.1 水土保持措施图表

制作水土保持措施图表时，应统一反映的主题，不得将不同主题反映在同一个图表中；即使使用组合型的图表，也应该用一种图表（如柱状图）显示一种数据系列，而用另一种图表（如折线图）显示另一种数据。举例见“5.4 第一次全国水利普查水土保持措施普查概述”。

5.3.2 水土保持措施图件

制作水土保持图件时，应集中需要反映的主题，一般地讲，一幅图件上可同时反映一种、二种、三种主题，而不超过四种主题；否则，每个主题都不能够让人一目了然，反而感觉信息混乱。举例见“5.4 第一次全国水利普查水土保持措施普查概述”。

5.4 第一次全国水利普查水土保持措施普查概述

5.4.1 全国各省（自治区、直辖市）水土保持措施

根据第一次全国水利普查结果，截至2011年底，全国（除香港特别行政区、澳门特别行政区和台湾省外）现存有水土保持措施面积988637.618km^2（此水土保持措施合计值不包含军队普查数据）。其中，各类梯田170120.132km^2，坝地3379.476km^2，其他基本农田26797.667km^2，乔木水土保持林297871.951km^2，灌木水土保持林113980.600km^2，经济林112301.208km^2，种草41131.402km^2，封禁治理面积210211.474km^2，其他措施12843.708km^2；有淤地坝58446座，淤地面积927.572km^2；建设坡面水系工程154577.0km，可控制面积9219.855km^2；建设点状小型蓄水保土工程862.02万个，线状小型蓄水保土工程806507.2km。各省（自治区、直辖市）水土保持措施汇总表见表5-11。

表 5-11

全国水土保持措施汇总表

省（自治区、直辖市）	措施面积（km^2）										淤地坝		坡面水系工程		小型蓄水保土工程	
	合计	基本农田			水土保持林		经济林	种草	封禁治理	其他	数量（座）	淤地面积（km^2）	控制面积（km^2）	长度（km）	点状（个）	线状（km）
		梯田	坝地	其他	乔木林	灌木林										
全国	988637.618	170120.132	3379.476	26797.667	297871.951	113980.600	112301.208	41131.402	210211.474	12843.708	58446	927.572	9219.855	154577.0	8620212	806507.2
北京	4630.023	98.929	0.000	453.678	1527.881	0.000	741.093	14.742	1793.700	0.000	0	0.000	0.000	0.0	42452	869.3
天津	784.899	16.814	9.618	0.000	600.950	28.420	120.560	0.000	8.537	0.000	0	0.000	0.000	0.0	9704	253.1
河北	45311.419	3813.718	45.294	475.315	18341.100	6811.195	7022.456	1446.624	7345.976	9.741	0	0.000	0.000	0.0	325461	19293.7
山西	50482.496	8193.733	1211.292	4842.731	16978.982	7165.694	4519.339	1224.966	6204.121	141.638	18007	257.514	0.000	0.0	213439	2657.5
内蒙古	104256.279	3337.980	242.981	1912.934	19133.744	41537.939	1130.076	9209.085	27577.618	173.922	2195	38.420	0.000	0.0	149797	24379.7
辽宁	41714.183	2419.694	4.000	2631.719	17397.500	2027.640	6858.850	976.256	8303.781	1094.743	0	0.000	275.753	5579.0	96019	114727.7
吉林	14954.466	332.381	0.000	468.091	8803.502	1000.649	628.889	329.524	3384.127	7.303	0	0.000	0.000	0.0	35191	13613.9
黑龙江	26563.586	870.986	0.000	681.159	11427.605	1170.742	596.274	1206.815	6853.882	3756.123	0	0.000	0.000	0.0	94120	28513.9
上海	3.576	0.000	0.000	0.000	2.601	0.646	0.000	0.329	0.000	0.000	0	0.000	0.000	0.0	0	0.0
江苏	6491.323	2361.567	0.000	0.000	2733.968	60.087	1047.078	1.118	287.505	0.000	0	0.000	0.000	0.0	195312	36632.1
浙江	36013.131	4122.480	0.000	0.000	10653.819	1153.405	4889.891	27.834	14192.881	972.821	0	0.000	567.141	5301.5	84143	20165.2
安徽	14926.650	2413.614	0.000	7.553	7782.193	42.079	1449.162	0.040	3232.009	0.000	0	0.000	0.000	0.0	66944	4868.1
福建	30643.131	8316.285	0.000	0.000	9432.695	532.096	3992.929	133.896	8235.230	0.000	0	0.000	0.000	0.0	59072	15786.5
江西	47109.010	10847.155	0.000	499.101	13391.011	1341.134	6458.726	389.100	13957.759	225.024	0	0.000	513.783	28504.0	118020	52226.1
山东	32796.806	8723.799	0.000	3061.746	12102.328	244.026	6672.770	47.670	1944.467	0.000	0	0.000	0.000	0.0	156375	18467.4

续表

省（自治区、直辖市）	措施面积（km^2）										淤地坝		坡面水系工程		小型蓄水保土工程	
	合计	基本农田			水土保持林		经济林	种草	封禁治理	其他	数量（座）	淤地面积（km^2）	控制面积（km^2）	长度（km）	点状（个）	线状（km）
		梯田	坝地	其他	乔木林	灌木林										
河南	31019.558	5204.736	831.107	2868.800	10073.138	3071.087	3596.502	62.778	4887.898	423.512	1640	30.829	0.000	0.0	329262	11326.4
湖北	50251.082	4435.338	0.000	169.223	11988.982	3365.640	4781.397	312.514	24311.554	886.434	0	0.000	2357.343	69136.3	542243	183934.3
湖南	29337.463	14569.431	0.000	0.000	9241.349	0.000	3248.073	0.000	2278.610	0.000	0	0.000	600.361	2416.7	1927534	45031.5
广东	13033.832	3299.487	0.000	0.000	5091.493	1025.140	1815.966	379.506	1402.132	20.108	0	0.000	69.390	1895.7	73427	8744.5
广西	16045.367	10589.824	0.000	0.000	2068.281	110.760	547.989	8.163	2719.863	0.487	0	0.000	0.000	0.0	5701	760.8
海南	662.935	41.011	0.000	0.000	482.763	0.000	0.000	5.616	101.527	32.018	0	0.000	20.404	387.3	1565	62.7
重庆	24264.471	6340.243	0.000	0.000	9657.105	420.046	2946.452	64.699	4835.926	0.000	0	0.000	0.000	0.0	175693	50054.0
四川	72465.800	16328.852	0.000	0.000	24888.714	7868.257	8764.767	3653.180	10896.701	65.329	0	0.000	2815.476	26051.2	660389	30811.5
贵州	53045.299	13927.208	0.000	526.975	17668.913	956.716	5953.820	1234.441	12777.226	0.000	0	0.000	0.000	0.0	329116	29817.6
云南	71816.080	10110.363	0.000	15.843	18538.367	4740.446	22217.154	1272.306	14776.334	145.267	0	0.000	1663.425	11022.6	984528	49394.0
西藏	1865.205	288.029	0.000	5.499	592.217	121.951	16.688	512.675	81.686	246.460	0	0.000	0.000	0.0	486	55.9
陕西	65059.364	8920.649	517.987	5287.766	16578.939	12467.153	8312.099	5204.600	7464.956	305.215	33252	556.898	186.412	3427.3	671576	12295.6
甘肃	69938.157	16509.826	319.247	2107.258	13337.125	9809.233	3302.611	7399.424	12907.663	4245.770	1571	23.885	90.280	799.2	943442	2168.8
青海	7636.916	1563.511	0.000	29.902	478.647	1040.913	192.566	2286.423	2039.814	5.140	665	0.724	0.000	0.0	83889	77.1
宁夏	15964.598	2122.489	197.614	752.374	1651.071	3564.853	477.031	1791.175	5407.991	0.000	1112	18.966	0.000	0.0	244198	29296.0
新疆	9550.513	0.000	0.336	0.000	5224.968	2302.653	0.000	1935.903	0.000	86.653	4	0.336	60.087	56.2	1114	222.3

全国现存有水土保持治沟骨干工程5655座，总控制面积29902.9km²，总库容570069.4万m³，已淤积234724.3万m³。全国治沟骨干工程汇总表见表5-12。

表5-12　全国水土保持治沟骨干工程数据汇总表

省（自治区）	骨干工程数量（座）	控制面积（km²）	总库容（万m³）	已淤库容（万m³）
山西	1116	5874.3	92418.0	23213.2
内蒙古	820	3839.6	89810.4	14867.7
河南	135	946.3	12470.3	2358.5
陕西	2538	13063.2	293051.6	177770.8
甘肃	551	2528.3	38066.4	10094.3
宁夏	325	2958.1	30630.6	4205.5
青海	170	693.1	9622.1	2214.3
合计	5655	29902.9	570069.4	234724.3

分析各类水土保持措施面积结构，梯田占17.21%，坝地占0.34%，其他基本农田占2.71%，乔木林占30.13%，灌木林占11.53%，经济林占11.36%，种草占4.16%，封禁治理占21.26%，其他措施仅占1.30%（见图5-1）。

分析水土保持措施在各省（自治区、直辖市）的分布，可以看出，水土保持措施面积大于4万km²的有河北、山西、内蒙古、辽宁、陕西、甘肃、江西、湖北、四川、云南、贵州11省（自治区），占全国水土保持措施总面积的67.92%。水土保持措施面积大于6万km²的有内蒙古、四川、云南、陕西、甘肃5省（自治区），可见过去水土流失严重的黄土高原和长江中上游是水土保持综合治理的重点区域。相反，水土保持措施面积小于1万km²的有北京、天津、上海、江苏、海南、西藏、青海、新疆8省（自治区、直辖市），尤其面积小于0.5万km²的北京、天津、上海、海南和西藏5省（自治区、直辖市）水土流失较轻，或因地形平缓、植被繁茂，或人口稀少、扰动轻微，当然与

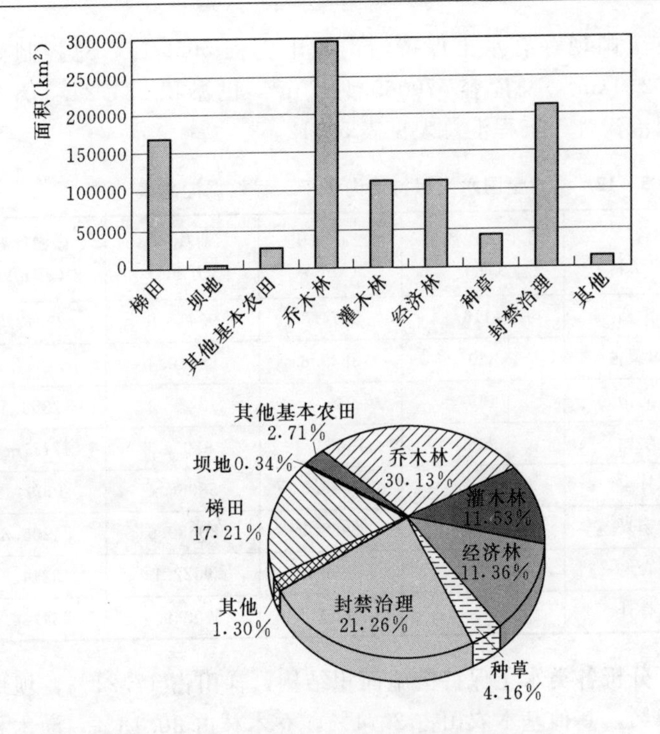

图 5-1　全国水土保持措施面积柱状图与结构饼状图

这些省份的区域土地面积不大也有关系（除西藏外）。全国各省（自治区、直辖市）水土保持措施面积柱状图见图 5-2。全国各省（自治区、直辖市）县级水土保持措施面积程度分级图（按照水土保持措施面积占行政区面积的百分比分级）见图 5-3。

5.4.2　七大流域水土保持措施

长江、黄河、淮河、海河、珠江、松辽、太湖七大流域现存有水土保持措施总面积 840795.517km²，占全国总面积的 85.05%，其他区域水土保持措施面积占全国 14.95%。

在七大流域，现存有梯田 146186.341km²，坝地 3318.163km²，其他基本农田 26535.246km²，乔木水土保持林 256651.560km²，灌木水土保持林 100134.252km²，经济林 85308.843km²，种草

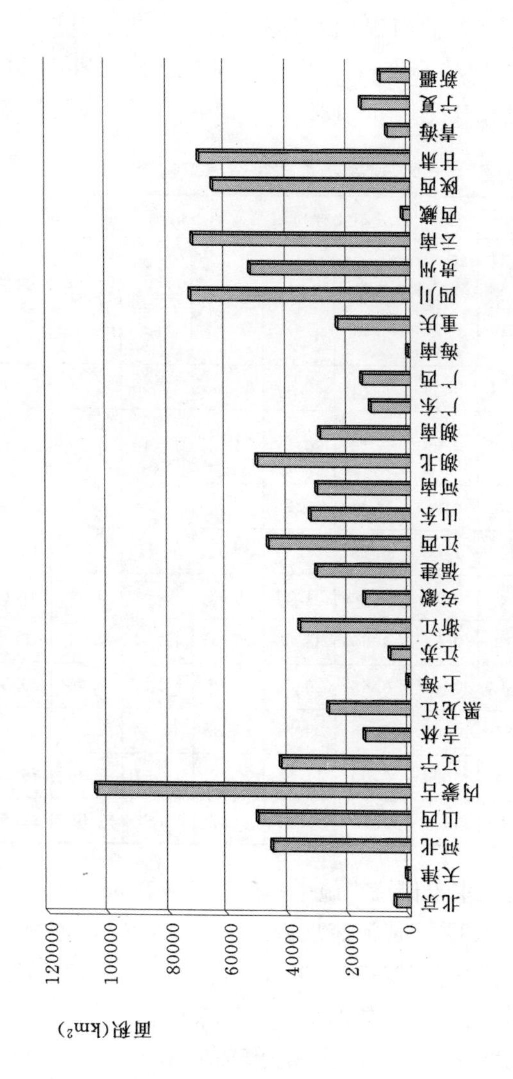

图 5－2　全国各省（自治区、直辖市）水土保持措施面积柱状图

35942.109km²，封禁治理 176717.620km²，其他措施 10001.383km²。淤地坝 58442 座，淤地面积 927.236km²，有坡面水系工程 144927.6 km²，控制面积 8128.387km²，点状小型蓄水保土工程 785.44 万个，线状小型蓄水保土工程 722025.0km²。七大流域水土保持措施结构见表 5－13。

表 5－13　　七大流域水土保持措施结构表　　%

流域	各类水土保持措施面积占措施总面积比例								
	梯田	坝地	其他基本农田	乔木林	灌木林	经济林	种草	封禁治理	其他
全国	17.21	0.34	2.71	30.13	11.53	11.36	4.16	21.26	1.30
七大流域小计	17.39	0.39	3.16	30.52	11.91	10.15	4.27	21.02	1.19
长江流域	21.46	0.05	0.47	31.26	5.98	12.38	2.24	25.43	0.73
黄河流域	16.45	1.08	6.13	20.31	22.33	6.71	9.16	16.80	1.03
淮河流域	23.64	0.77	11.54	34.31	3.82	13.62	0.11	11.62	0.57
海河流域	9.19	0.81	4.65	38.66	15.03	12.54	2.64	16.38	0.10
珠江流域	33.16	0.00	0.63	29.45	3.55	11.17	1.46	20.56	0.02
松辽流域	4.89	0.01	3.46	39.21	14.85	6.77	5.21	21.67	3.93
太湖流域	7.66	0.00	0.00	41.55	3.97	16.97	0.10	26.91	2.84
其他区域	16.19	0.04	0.18	27.87	9.37	18.26	3.51	22.66	1.92

在七大流域水土保持措施中，长江流域有 329003.542km²，占全国总数的 33.28%；黄河流域有 207195.538km²，占全国总数的 20.96%；松辽流域有 127879.089km²，占全国 12.93%；海河流域有 76478.682km²，占全国总数的 7.74%；珠江流域有 59300.065km²，占全国总数的 6.00%；淮河流域为 33946.873km²，占全国总数的 3.43%；太湖流域为 6991.728km²，占全国总数的 0.71%。可见，长江流域和黄河流域是全国水土保持综合治理的主要区域。

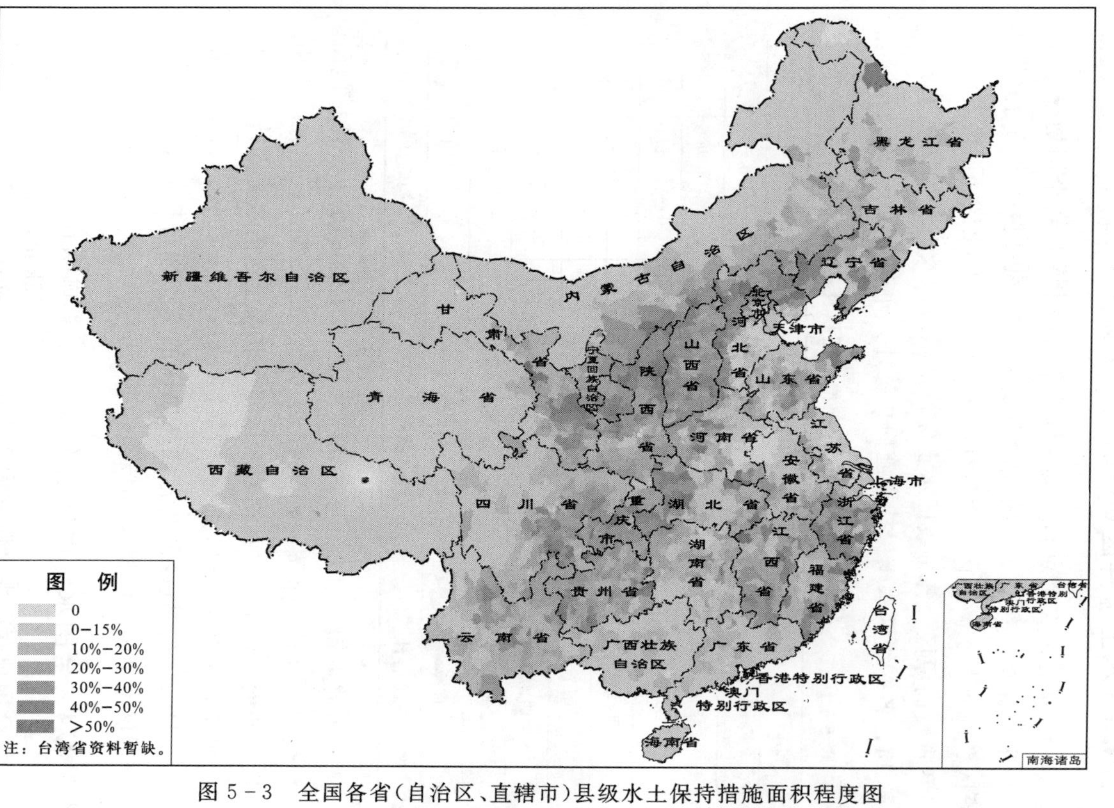

图 5-3　全国各省(自治区、直辖市)县级水土保持措施面积程度图

5.4.3 水土保持区划一级区水土保持措施

从水土流失特点和水土保持综合治理出发，将全国划分为八个水土保持一级区，即东北黑土区、北方风沙区、北方土石山区、西北黄土高原区、南方红壤区、西南紫色土区、西南岩溶区和青藏高原区。各一级区水土保持措施面积及占全国比例见表5-14，各一级区水土保持措施面积统计分布图见图5-4。

表5-14　水土保持一级区水保措施面积及占全国比例

类型区	面积（km^2）	比例（%）
东北黑土区	101889.201	10.31
北方风沙区	39130.179	3.96
北方土石山区	157041.249	15.88
西北黄土高原区	170761.246	17.27
南方红壤区	198151.154	20.04
西南紫色土区	146322.147	14.80
西南岩溶区	143842.646	14.55
青藏高原区	31499.796	3.19
合计	988637.618	100.00

由此可知，南方红壤区和西北黄土高原区的水土保持措施面积最大，分别占全国总面积的20.04%和17.27%；北方土石山区、西南紫色土区、西南岩溶区和东北黑土区的水土保持措施面积居中，分别占全国总面积的15.88%、14.80%、14.55%和10.31%；北方风沙区及青藏高原区的水土保持措施面积最小，分别仅占全国总面积3.96%和3.19%。

5.4.4 全国水土保持治沟骨干工程

全国现存有水土保持治沟骨干工程5655座。其中，陕西省和山西省最多，分别为2538座和1116座，分别占总数的45.0%和19.7%；内蒙古自治区和甘肃省居中，分别为820座

图5-4　全国水土保持区划一级区水土保持措施面积统计分布图

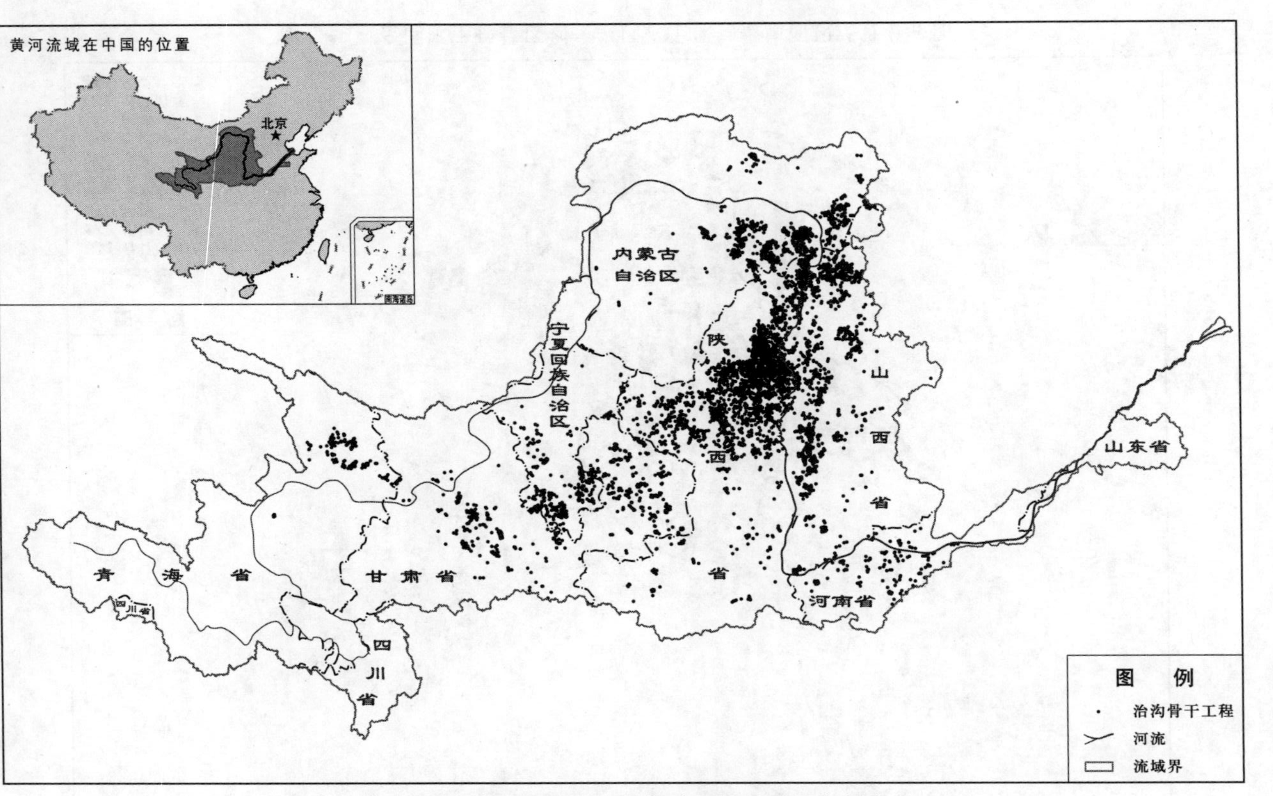

图5-5 黄河流域水土保持治沟骨干工程分布图

和551座，分别占总数的14.5%和9.7%；宁夏回族自治区、青海省和河南省较少，分别为325座、170座和135座，分别占总数的5.7%、3.0%和2.4%。由此可见，黄土高原水土保持治沟骨干工程主要分布在陕西、山西和内蒙古3省（自治区），共占总数的79.1%。治沟骨干工程分布见图5-5。

在水土保持治沟骨干工程中，库容为50万～100万m^3的占多数，占总数量的70.5%；其余29.5%治沟骨干工程的库容在100万～500万m^3。由此可见，小库容的工程多，大库容的工程少。

附录1　普查表设计及填报说明示例

1.1　第一次全国水利普查水土保持措施普查表及其填报说明

附表1-1　　第一次全国水利普查水土保持措施普查表

第一次全国水利普查
China Census for Water

水土保持措施
普查表
2011年

表　　号：P506表
制定机关：水利部
国务院水利普查办公室
批准机关：国家统计局
批准文号：国统制〔2010〕181号
有效期至：2012年8月

普查时点：2011年12月31日
普查时期：2011年度

1. 行政区名称及代码：＿＿＿省（自治区、直辖市）＿＿＿地区（市、州、盟）
＿＿＿县（区、市、旗）；县级行政区划代码：□□□□□□

水土保持措施名称		水土保持措施数量（分大江大河流域填写）			
2. 基本农田	2.1 梯田（hm^2）				
	2.2 坝地（hm^2）				
	2.3 其他基本农田（hm^2）				

续表

3. 水土保持林	3.1 乔木林（hm^2）				
	3.2 灌木林（hm^2）				
4. 经济林（hm^2）					
5. 种草（hm^2）					
6. 封禁治理（hm^2）					
7. 其他（hm^2）					
8. 淤地坝	8.1 数量（座）				
	8.2 已淤地面积（hm^2）				
9. 坡面水系工程	9.1 控制面积（hm^2）				
	9.2 长度（km）				
10. 小型蓄水保土工程	10.1 点状（个）				
	10.2 线状（km）				

填表人：　　联系电话：　　日期：　201____年____月____日　　（填表单位公章）
复核人：　　联系电话：　　日期：　201____年____月____日
审查人：　　　　　　　　　日期：　201____年____月____日

第一次全国水利普查水土保持措施普查表填表说明

一、普查对象

水土保持措施的普查对象是指在水土流失区，为防治水土流失，保护、改良与合理利用水土资源，改善生态环境所采取的工程措施和植物措施，不包括耕作措施。具体包括基本农田(包括梯田、坝地和其他基本农田)、水土保持林、经济林、种草、封禁治理、其他、淤地坝、坡面水系工程、小型蓄水保土工程。

二、填表要求

1. 本表按县级行政区划单位填写，即：每个县级行政区划单位填写一份。

2. 表中各项指标的数量是指2011年底的各项水土保持措施的现状数量，其数值应按表中规定的单位填写。数据为零时填写“0”，不得空缺。除淤地坝数量、小型蓄水保土工程数量保留整数外，其余各项措施均保留1位小数。

3. 此表按水土保持措施所在的大江大河流域分栏填写，即填写流域名称及对应的措施数量，涉及几个流域填写几列数据，数据不得重复和遗漏，各流域数据不得串列。大江大河流域是指长江、黄河、海河、淮河、珠江、松花江辽河、太湖七大流域及其他区域（七大流域以外的区域)。如某县有梯田250hm^2，其中150hm^2分布在长江流域、50hm^2分布在黄河流域、50hm^2分布在淮河流域，则在表中“水土保持措施数量（分大江大河流域填写)”中填写“长江”、“黄河”、“淮河”，梯田面积对应填写150、50、50。

4. 基本农田、水土保持林、经济林、种草、封禁治理等各项措施面积不能重复填写。如：在水土保持林或种草统计过的面积，不能在封禁治理中重复填写；在基本农田上种植经济林的，统计为基本农田。

5. 填表人、复核人、审查人需在表下方相应位置签名，填写时间，并加盖单位公章。

三、指标解释及填表说明

【1　行政区名称及代码】填写普查所在的行政区划名称和全国统一规定的县级行政区划代码。

【2　基本农田】指人工修建的能抵御一般旱、涝等自然灾害，保持高产稳产的农作土地，包括梯田、坝地和其他基本农田等3类。

【2.1　梯田】指在坡面上沿等高线修建的田面水平平整，纵断面呈台阶状的田块，按其断面形式可分为水平梯田、坡式梯田、隔坡梯田。在我国南方，旱作梯田称梯地或梯土，种植水稻的称梯田，条田也算梯田，均属于统计范围。面积大于0.1hm^2的梯田均要统计。

【2.2　坝地】指在沟道拦蓄工程上游因泥沙淤积形成的地面较平整的可耕作土地。面积大于0.1hm^2的坝地均要统计。

【2.3　其他基本农田】指实施的小片水地、滩地、引水拉沙造田等农田。面积大于0.1hm^2地块均要统计。

【3　水土保持林】指以防治水土流失为主要功能的人工林，按其功能可分为坡面防护林、沟头防护林、沟底防护林、塬边防护林、护岸林、水库防护林、防风固沙林、海岸防护林等。包括乔木林、灌木林2类。

【3.1　乔木林】指人工乔木林的面积。面积大于0.1hm^2的林地均要统计。以乔木为主的乔灌混交林按乔木林填写。

【3.2　灌木林】指人工灌木林的面积。面积大于0.1hm^2的林地均要统计。以灌木为主的乔灌混交林按灌木林填写。

【4　经济林】指利用林木的果实、叶片、皮层、树液等林产品供人食用、或作为工业原料、或作为药材等为主要目的而培育和经营的人工林。面积大于0.1hm^2的经济林地均要统计。

【5　种草】指在水土流失地区，为蓄水保土、改良土壤、发展畜牧、美化环境而种植的草本植物，即人工种草。面积大于

0.1hm^2 的草地均要统计。林草兼作的按乔木林、灌木林或经济林填写。

【6　封禁治理】指对稀疏植被采取封禁管理，利用自然修复能力，辅以人工补植和抚育，促进植被恢复，控制水土流失，改善生态环境的一种生产活动。采取封育管护措施后，林草郁闭度达 80%以上时统计封禁治理面积，面积大于 10hm^2 的封禁地块均要统计；对于高寒草原区、干旱草原区植被覆盖度达到 40%、30%以上时统计封禁治理面积。面积大于 10hm^2 的封禁地块均统计。

【7　其他】指基本农田、水土保持林、经济林、种草、封禁治理等 5 项水土保持措施以外的，可以按面积计算的水土流失治理措施。面积大于 0.5hm^2 的地块均要统计。

【8　淤地坝】指在多泥沙沟道修建的以控制沟道侵蚀、拦泥淤地、减少洪水和泥沙灾害为主要目的的沟道治理工程设施。按库容，分为小型淤地坝（库容 1 万～10 万 m^3）、中型淤地坝（库容 10 万～50 万 m^3）和治沟骨干工程（库容 50 万～500 万 m^3）。填写淤地坝的座数和已淤地面积 2 项。

【8.1　数量】指淤地坝的总座数。

【8.2　已淤地面积】指淤地坝拦蓄泥沙淤积形成的地面较平整的可耕作土地的面积。

【9　坡面水系工程】指在坡面修建的用以拦蓄、疏导地表径流，防止山洪危害，发展山区灌溉的水土保持工程设施，主要分布在我国南方地区，如引水沟、截水沟、排水沟等。填写控制面积、长度 2 项。

【9.1　控制面积】指坡面水系工程所能保护农田的面积。

【9.2　长度】指坡面水系工程的总长度。长度大于 10m 的工程均要统计。

【10　小型蓄水保土工程】指为拦截天然来水、增加水资源利用率和防止沟头前进、沟岸扩张而修建的具有防治水土流失作用的水土保持工程（淤地坝和以“坡面水系工程”名称建设的工

程除外）。包括点状、线状2类。

【10.1　点状】指水窖（旱井）、山塘（堰塘、陂塘、池塘）、沉沙池、涝池（蓄水池）、谷坊、沟道人字闸、拦沙坝等工程。

【10.2　线状】指沟头防护、沟边埂、排水沟、截水沟等工程。长度大于10m的工程均要统计。

四、审核关系

主要进行普查指标完整性审核及普查数据有效性、逻辑性、相关性审核。各指标项不得为空，“基本农田”、“水土保持林”、“经济林”、“种草”各指标范围均大于0.1hm²，“封禁治理”指标范围大于10hm²，“其他”指标范围大于0.5hm²，“坡面水系工程长度”、“小型蓄水保土工程线状”长度指标均大于10m。

1.2　第一次全国水利普查水土保持治沟骨干工程普查表及其填报说明

附表 1-2　第一次全国水利普查水土保持治沟骨干工程普查表

第一次全国水利普查
China Census for Water

水土保持治沟骨干工程普查表
2011 年

表　　号：P 5 0 7 表
制定机关：水 利 部
　　　　　国务院水利普查办公室
批准机关：国 家 统 计 局
批准文号：国统制〔2010〕181号
有效期至：2 0 1 2 年 8 月

普查时点：2011年12月31日
普查时期：2011年度

1. 行政区名称及代码：______省（自治区、直辖市）______地区（市、州、盟）______县（区、市、旗）； 县级行政区划代码：□□□□□□	
2. 治沟骨干工程名称	
3. 治沟骨干工程代码	
4. 控制面积（km^2）	
5. 总库容（万 m^3）	
6. 已淤库容（万 m^3）	
7. 坝顶长度（m）	

续表

8. 坝高（m）		
9. 所属项目名称		
10. 地理位置	10.1 经度	°　′　″
	10.2 纬度	°　′　″
11. 贴照片处 照片拍摄日期：　　年　　月　　日		

填表人：　　　　联系电话：　　　　日期：201____年____月____日　　（填表单位公章）

复核人：　　　　联系电话：　　　　日期：201____年____月____日

审查人：　　　　　　　　　　　　　日期：201____年____月____日

第一次全国水利普查水土保持治沟骨干工程普查表填表说明

一、普查对象

水土保持治沟骨干工程是指为提高小流域坝系的抗洪能力，减少水毁灾害，在沟道中修建的库容为50万～500万m^3的控制性缓洪拦泥淤地工程。

二、填表要求

1. 本表由县级普查机构按单个水土保持治沟骨干工程填写，即：每个县级普查机构按照治沟骨干工程的座数填写相应数量的表格。

2. 表中各项指标的数值是指2011年底的现状量，其数量应按给定的单位填写，【10.1　经度】和【10.2　纬度】的单位按度、分、秒填写，其余各项保留1位小数，不得空缺。

3. 填表人、复核人、审查人需在表下方相应位置签名，填写时间，并加盖单位公章。

三、指标解释及填表说明

【1　行政区名称及代码】填写治沟骨干工程所在的行政区名称和全国统一规定的县级行政区划代码。

【2　治沟骨干工程名称】指治沟骨干工程建设设计审批的名称，不得填写与审批名称不一致的其他名称。

【3　治沟骨干工程代码】填写治沟骨干工程的代码。代码采用10位数字，其中前6位为县级行政区划代码、后4位为不重复的治沟骨干工程的顺序码。

【4　控制面积】指治沟骨干工程上游集水区的面积。注意不含上游其他治沟骨干工程的控制面积。

【5　总库容】指治沟骨干工程拦泥库容和滞洪库容的总和。

【6　已淤库容】指治沟骨干工程已经拦蓄淤积泥沙的体积。

【7　坝顶长度】指从治沟骨干工程的左坝肩到右坝肩的长度。

【8　坝高】指治沟骨干工程坝体的最大高度。

【9　所属项目名称】指治沟骨干工程所属的建设设计审批的项目名称。填写所属项目代码。有关的项目名称及代码如下：国家水土保持重点建设工程1、黄河中上游水土保持重点防治工程2、黄土高原水土保持世行贷款项目3、农业综合开发水土保持项目4、黄土高原水土保持淤地坝工程5、其他6（上述项目以外的其他项目）。

【10　地理位置】指治沟骨干工程的坝体轴线中点处的经度和纬度。

【11　贴照片处】把治沟骨干工程照片（大小为5英寸）贴在“贴照片处”或普查表背面，并填写该治沟骨干工程照片的拍摄时间，要求完整填写年月日，如2011年9月5日。要求照片能够全面反映出治沟骨干工程的枢纽组成、运行状况、淤积情况及坝地利用情况等。在报送普查表时，同时报送多个角度拍摄到的电子版数码照片（JPG格式，大小为1～3MB），并进行编号命名，命名规则为治沟骨干工程名称加短线加日期加短线加照片序号，即：治沟骨干工程名称-年月日-序号，如：张家沟治沟骨干工程-20110620-01、张家沟治沟骨干工程-20110620-02、张家沟治沟骨干工程-20110620-03分别表示2011年6月20日拍摄的第一、第二、第三张张家沟治沟骨干工程的照片。

附录2 普查工作报告提纲

2.1 省级普查工作报告提纲

一、普查工作组织实施概况

简述水土保持措施普查工作的组织与实施情况，包括普查工作的组织机构与人员、技术培训、检查指导、数据审核与汇总、主要成果等。

（一）普查组织机构

1. 普查机构与人员

2. 设施设备配备

（二）普查经费

（三）普查实施

1. 普查实施方案编制

2. 技术培训

3. 检查指导与技术研讨

4. 普查数据审核汇总

（1）县级数据审核

（2）县级数据平衡论证

（3）省级数据汇总

二、普查结果及分析

简述水土保持措施普查范围，定量评价各类水土保持措施的普查结果，分析水土保持措施的数量、结构与分布。

（一）普查范围

1. 水土保持措施普查范围

2. 水土保持治沟骨干工程普查范围

（二）普查结果及评价

根据当地水土保持措施的实施、维护、更新及保存情况，结合收集到的基础资料（即水土保持措施数据来源），分别评价各类水土保持措施普查结果的合理性和可靠性。重点分析评价水土保持基本农田（包括梯田、坝地、其他基本农田）、水土保持林（包括乔木林、灌木林）、经济林、种草、封禁治理以及其他水土保持措施的面积，分析评价淤地坝的数量，分析评价水土保持治沟骨干工程的数量，提出各类普查结果与相关资料数据的差异、出现差异的主要原因。

1. 基本农田（包括梯田、坝地、其他基本农田）
2. 水土保持林（包括乔木林、灌木林）
3. 经济林
4. 种草
5. 封禁治理
6. 其他
7. 淤地坝（包括数量与已淤地面积）
8. 坡面水系工程（控制面积与长度）
9. 小型蓄水保土工程
10. 治沟骨干工程（包括数量、控制面积、总库容）

三、主要做法

简述普查的主要工作方法、主要经验和教训。

四、存在问题与建议

简述普查过程中发现的问题（如组织、实施、技术规定等方面的问题），并对完善普查成果、相关工作以及以后类似工作提出建议。

2.2 国家级数据接收审核工作报告提纲

前言

简要说明国家级数据接收审核工作的基本过程、审核人员的组织、审核方式及审核结果等。

一、数据审核的目的与依据

阐述国家级数据审核工作的目的与任务，审核依据（如普查技术文件、相关行业统计资料、公报和年鉴)。

二、审核工作实施与技术要求

(一)审核工作执行机构与人员

简述数据审核的执行机构、组织方式、主要工作人员和任务分工等。

(二)审核技术要求与工作方法

简述数据审核的技术要求、工作方法和流程、数据合格的标准等。

(三)实施过程

简述数据审核的基本工作过程与主要事件。

三、审核结果简述

概述数据审核的总体状况,包括:普查结果为合理、基本合理、存在问题的省份与县份的数量,省级复核与整改情况,以及发现的突出问题等。

四、建议

针对数据接收、审核工作全过程及地方普查结果(即省级的上报数据),对省级、县级的相关工作及数据接收审核本身提出建议,如改进工作、完善数据、加强数据分析等方面的建议。

附件:

1. 水土保持措施普查国家级数据审核意见(对存在问题省份,审核意见可能不止一次)。主要内容包括:审核的机构、时间和地点,省级报送资料完备程度,普查技术方法与数据质量控制措施,普查数据的可靠性和合理性,存在主要问题、整改要求和反馈意见时限。

2. 省级整改反馈意见(对每次审核意见,相关省份都应提交整改意见)。主要内容包括:针对国家级审核意见逐条说明修订情况,数据勘误表和数据修订表,以及修改完善后的普查工作报告。

2.3　国家级数据汇总分析报告提纲

一、普查对象与技术流程

（一）普查对象

简述水土保持措施普查普的对象、范围、上下限规定。

（二）普查技术路线

简述从水土保持措施数据的采集、复核、审核到审查等全过程的技术要求、实施方式方法及其数据质量控制的措施。

二、普查结果汇总分析

（一）全国总体状况

简要说明全国水土保持措施的总面积、各类措施面积（或者与其他统计单位）及其结构（各类水土保持措施的比例）。

（二）水土保持措施分布分析

1. 水土保持措施在各省份的分布

分析全国各省（自治区、直辖市）水土保持措施的总面积及其结构（各类水土保持措施的比例）、各类水土保持措施的数量及其结构（各类水土保持措施的比例）。

2. 水土保持措施在大江大河流域的分布

分析大江大河流域水土保持措施的总面积及其结构（各类水土保持措施的比例）、各类水土保持措施的数量及其结构（各类水土保持措施的比例）。

3. 水土保持措施在水土保持区划单元的分布

分析水土保持区划一级、二级单元水土保持措施的总面积及其结构（各类水土保持措施的比例）、各类水土保持措施的数量及其结构（各类水土保持措施的比例）。

三、水土保持措施数据汇编表

表式见“5.2.2 普查数据汇总表”。

四、水土保持措施分布图

图式见“5.3 普查成果图式要求”。